江苏省高校哲学社会科学研究项目(2021SJA0944)资助
无锡商业职业技术学院“头羊计划”项目(RS22TY003)资助

1+X背景下的BIM项目管理分析

王丹净　著

中国矿业大学出版社
·徐州·

内 容 提 要

本书以 BIM 技术应用为基线，论述了 BIM 项目管理在建筑全生命周期各个阶段的应用，包括规划、设计、施工、运维等。在规划阶段，可以通过 BIM 模型进行方案比选和优化；在设计阶段，可以通过 BIM 模型进行管线综合、碰撞检测、施工图生成等；在施工阶段，可以通过 BIM 模型进行施工进度模拟、施工方案优化、材料统计等；在运维阶段，可以通过 BIM 模型进行资产管理、维修维护等。

在 1＋X 背景下的 BIM 项目管理分析中，可以看到 BIM 技术在建筑行业中的重要性和应用价值。通过使用 BIM 技术，可以实现信息共享、可视化、协调性、模拟性、优化性和可出图性等特点，提高生产效率和管理水平，减少错误和浪费，降低成本和风险，提高项目质量和安全性。最终将 BIM 的模拟分析技术应用到企业层面，形成企业级 BIM 技术管理体系，完成 BIM 技术在企业规划阶段、经营投标阶段及工程施工阶段的应用标准化研究。

图书在版编目(CIP)数据

1＋X 背景下的 BIM 项目管理分析 / 王丹净著. —徐州：中国矿业大学出版社，2023.12

ISBN 978 - 7 - 5646 - 6127 - 4

Ⅰ. ①1… Ⅱ. ①王… Ⅲ. ①建筑工程—工程项目管理—研究 Ⅳ. ①TU71

中国国家版本馆 CIP 数据核字(2023)第 248919 号

书　　名 1＋X 背景下的 BIM 项目管理分析
著　　者 王丹净
责任编辑 杨　洋
出版发行 中国矿业大学出版社有限责任公司
(江苏省徐州市解放南路　邮编 221008)
营销热线 (0516)83885370　83884103
出版服务 (0516)83995789　83884920
网　　址 http://www.cumtp.com　**E-mail**：cumtpvip@cumtp.com
印　　刷 苏州市古得堡数码印刷有限公司
开　　本 787 mm×1092 mm　1/16　**印张** 8　**字数** 204 千字
版次印次 2023 年 12 月第 1 版　2023 年 12 月第 1 次印刷
定　　价 48.00 元
(图书出现印装质量问题，本社负责调换)

前　言

近年来，我国建筑业快速发展，但是也暴露出一些问题，如生产效率低下、信息不一致、管理不规范等。为了解决这些问题，政府提出了“1+X”证书制度，旨在培养技术技能型、复合型和创新型高素质人才，推动建筑业的转型升级。其中，“1”代表学历证书，“X”代表职业技能等级证书，而运用BIM（building information modeling，建筑信息模型）技术是其中一项重要的职业技能。

在建筑行业中，项目管理是非常重要的环节。通过使用BIM技术，可以更好地进行项目管理和协调，提高生产效率和管理水平。BIM技术可以提供全面的信息共享和可视化管理，使项目各参与方能够更好地沟通和协作，减少错误和浪费，降低成本和风险。

本书共四章内容，第一章是绪论，分别从1+X制度、BIM概述、建设工程项目及项目管理四个方面进行论述；第二章是工程各阶段应用的BIM技术分析，分别从企业规划阶段应用、设计施工阶段应用三个方面进行论述；第三章是BIM技术管理，分别从设计阶段技术管理、施工阶段技术管理、施工阶段安全管理、施工阶段进度管理以及施工阶段预制加工管理五个方面进行论述；第四章是工程案例实践。

在撰写本书过程中参考了大量资料，在此向所有文献作者一并表示感谢。由于建筑行业发展很快，新规范、新制度不断涌现，且编者水平有限和时间紧迫，错误和不妥之处在所难免，衷心希望专家、同行和广大读者不吝指正。

作　者

2023年5月

目　录

第一章　绪　　论

第一节　1＋X 证书制度概述

一、1＋X 证书制度的概念

在我国经济快速发展和产业结构调整的背景下，国家对技术技能型人才的需求不断增长，同时，职业教育在国家政策引导下受到高度关注，为了加快培养复合型技术技能人才，拓展就业创业本领，推出了1＋X 证书制度。这项制度旨在打通学历教育和职业培训之间的区隔，通过让学生获得学历证书的同时取得多种职业技能等级证书，提高其综合素质和职业技能水平，增强其就业竞争力，缓解结构性就业矛盾。1＋X 证书制度中的“1”代表学历证书，是指学习者在学制系统内实施学历教育的学校或其他教育机构中完成学制系统内一定教育阶段学习任务后获得的文凭；“X”代表若干职业技能等级证书。

二、1＋X 证书制度的特点

（1）书证衔接和融通

1＋X 证书制度强调学历证书与职业技能等级证书的衔接和融通。在实施过程中，学历证书是基础，职业技能等级证书是补充、强化和拓展。这种衔接和融通不仅体现在两种证书的关系上，还体现在职业技能等级标准与各个层次职业教育的专业教学标准的对接上。

（2）职业技能标准与专业教学标准的对接

不同等级的职业技能标准应与不同教育阶段学历职业教育的培养目标和专业核心课程的学习目标相对应，保持培养目标和教学要求的一致性。这种对接是由学历证书与职业技能等级证书的关系决定的。

（3）强调跨学科知识体系

1＋X 证书制度强调跨学科知识体系的重要性。不同的知识体系各自独立，也互相影响。高职教师不能完全割裂地分析、应用，而应将它们结合起来，共同为学生的综合素质和职业技能水平的提高提供支持。

三、1＋X 证书制度的实施

1＋X 证书制度的实施，是为了更好地服务建设现代化经济体系和满足更高质量更充分就业需要。通过试点工作，深化教师、教材、教法“三教”改革；促进校企合作；建好用好实训基地；探索建设职业教育国家“学分银行”，构建国家资历框架。该制度自 2019 年开始重点围绕服务国家需要、市场需求、学生就业能力提升，从 10 个左右领域启动 1+X 证书制度试点工作。其中建筑信息模型(BIM)就是首批试点证书，笔者所在学校无锡商业职业技术学院也有幸成为首批试点学校。作为 BIM 证书负责人，笔者一直深入探索怎样通过 BIM 技术的应用，更好地进行项目管理和协调，提高生产效率和管理水平。

第二节 BIM 概述

一、BIM 的概念

在《建筑信息模型应用统一标准》(GB/T 51212—2016)中，将 BIM 定义如下：建筑信息模型[building information modeling(BIM)]，是指在建设工程及设施全生命期内，对其物理和功能特性进行数字化表达，并依此设计、施工、运营的过程和结果的总称。

BIM 技术是一种多维(三维空间、四维时间、五维成本、N 维更多应用)模型信息集成技术，可以使建设项目的所有参与方(包括政府主管部门、业主、设计单位、施工单位、监理单位、造价单位、运营管理单位、项目用户等)在项目从概念产生到完全拆除的整个生命周期内都能够在模型中操作信息和在信息中操作模型，从根本上改变从业人员依靠符号文字的图纸进行项目建设和运营管理的工作方式，实现在建设项目全生命周期内提高工作效率和质量以及减少错误和风险的目标。BIM 的含义总结为以下三点：

(1) BIM 是以三维数字技术为基础，集成建筑工程项目各种相关信息的工程数据模型，是对工程项目设施实体与功能特性的数字化表达。

(2) BIM 是一个完善的信息模型，能够连接建筑项目生命期不同阶段的数据、过程和资源，是对工程对象的完整描述，提供可自动计算、查询、组合拆分的实时工程数据，可被建设项目各参与方普遍使用。

(3) BIM 具有单一工程数据源，可解决分布式异构工程数据之间的一致性和全局共享问题，支持建设项目全生命期中动态的工程信息创建、管理和共享，是项目实时的共享数据平台。

二、BIM 的特点

(一) 可视化

1. 设计可视化

设计可视化即在设计阶段将建筑及构件以三维方式直观呈现出来，设计师能够运用三维思考方式有效地完成建筑设计，同时使业主(或最终用户)真正摆脱技术壁垒的限制，随时可直接获取项目信息，大幅度减少了业主与设计师之间的交流障碍。BIM 还具有漫游功能，通过创建相机路径、动画或一系列图像，向客户进行模型展示，如图 1-1 所示。

2. 施工可视化

(1) 施工组织可视化，即利用 BIM 工具创建建筑设备模型、周转材料模型、临时设施模型等，以模拟施工过程，确定施工方案，进行施工组织。通过创建各种模型，在电脑中进行虚拟施工，使施工组织可视化，如图 1-2 所示。

图 1-1 BIM 漫游可视化图

图 1-2 施工组织可视化图

(2) 复杂构造节点可视化，即利用 BIM 的可视化特性将复杂的构造节点全方位呈现，如复杂的钢筋节点、幕墙节点等。图 1-3 是复杂钢筋节点的可视化应用，传统 CAD 图纸难以表示的钢筋排布，在 BIM 中可以很好地展现，甚至可以做成钢筋模型的动态视频，有利于施工和技术交底。

3. 设备操作可视化

设备操作可视化，即利用 BIM 技术对建筑设备空间是否合理进行提前检验。某项目生活给水机房的 BIM 模型如图 1-4 所示，通过该模型可以验证设备房的操作空间是否合理，并对管道支架进行优化。通过制作工作集和设置不同施工路线，可以制作多种设备安装动画，不断调整，从中找出最佳的设备安装位置和工序。与传统的施工方法相比，该方法更直观、清晰。

4. 机电管线碰撞检查可视化

机电管线碰撞检查可视化，即通过将各专业模型组装为一个整体 BIM 模型，使机电管线与建筑物的碰撞点以三维方式直观显示出来。在传统的施工方法中，对管线碰撞检查的

图 1-3　梁柱复杂钢筋构造节点可视化图

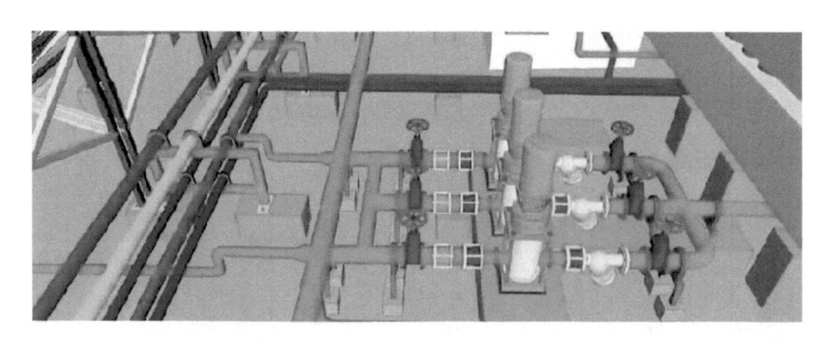

图 1-4　设备可操作性可视化图

方式主要有两种:一是把不同专业的 CAD 图纸叠加在一张图上进行观察,根据施工经验和空间想象力找出碰撞点并加以修改;二是在施工的过程中边做边修改。这两种方法均费时费力,效率很低。但是在 BIM 模型中可以提前在三维空间中找到碰撞点,由各专业人员在模型中调整好碰撞点或不合理处后再导出 CAD 图纸。

（二）一体化

一体化是指依托 BIM 技术可进行从设计到施工再到运营的贯穿工程项目全生命周期的一体化管理。BIM 技术的核心是一个由计算机三维模型所形成的数据库,不仅包含建筑师的设计信息,还可以容纳从设计到建成使用,甚至是到使用周期终结的全过程信息。BIM 可以持续提供项目设计范围、进度以及成本信息,这些信息完整可靠且完全协调。BIM 能在综合数字环境中保持信息不断更新并可提供访问,使建筑师、工程师、施工人员以及业主可以全面地了解项目。这些信息在建筑设计、施工和管理的过程中能使项目质量提高,收益增加。BIM 在整个建筑行业从上游到下游的各个企业之间不断完善,从而实现项目全生命周期的信息化管理,实现 BIM 的一体化管理目标。

在设计阶段,BIM 使建筑、结构、给排水、空调、电气等专业基于同一个模型进行工作,从而使真正意义上的三维集成协同设计成为可能。将整个设计整合到一个共享的建筑信息模型中,结构与设备、设备与设备之间的冲突会直观显现出来,工程师们可以在三维模型中随意查看,能准确查看可能存在问题的地方并及时调整,从而极大避免了施工中存在的浪费。这在极大程度上促进了设计、施工的一体化。在施工阶段,BIM 可以同步提供有关建筑质量、进度以及成本的信息。利用 BIM 可以实现整个施工周期的可视化模拟与可视化管理,帮助施工人员促进对项目的了解,迅速为业主制定展示场地使用情况或更新调整情况的规划,提高质量,完善施工规划。最终结果就是:能将业主的更多的施工资金投入建筑,而不是行政和管理中。此外,BIM 还能在运营管理阶段提高收益和成本管理水平,为开发商销售招商和业主购房提供极大的透明度和便利。BIM 这场信息革命,必将对工程建设、设计、施工各个环节一体化产生深远的影响。这项技术已经清楚地表明其在协调方面的作用,还缩短了设计与施工时间,显著降低成本,提升工作场所安全性和可持续的建筑项目所带来的整体利益。

(三) 参数化建模

参数化建模是指通过参数(变量)而不是数字来建立和分析模型,简单地改变模型中的参数值就能建立和分析新的模型。

BIM 的参数化设计分为两个部分:参数化图元和参数化修改引擎。参数化图元是指 BIM 中的图元以构件的形式出现。这些构件之间的不同,是通过参数的调整反映的,参数保存了图元作为数字化建筑构件的所有信息。参数化修改引擎是指参数更改技术使用户对建筑设计或文档部分做的任何改动都可以自动地在其他相关联的部分反映出来。在参数化设计系统中,设计人员根据工程关系和几何关系来指定设计要求。参数化设计的本质是在可变参数的作用下,系统能够自动维护所有的不变参数。因此,参数化模型中建立的各种约束关系体现了设计人员的设计意图。参数化设计可以大幅度提高模型的生成和修改速度。

(四) 仿真性

1. 建筑物性能分析仿真

建筑物性能分析仿真即基于 BIM 技术建筑师在设计过程中赋予所创建的虚拟建筑模型大量建筑信息(几何信息、材料性能、构件属性等),然后将 BIM 模型导入相关性能分析软件,就可以得到相应的分析结果。这一性能使得 CAD 二维时代需要专业人士花费大量时间输入大量专业数据,如今可自动轻松完成,从而大幅度缩短了工作周期,提高了设计质量,优化了为业主提供的服务。性能分析主要包括能耗分析、光照分析、设备分析、绿色分析等,如图 1-5 所示。

2. 施工仿真

(1) 施工方案模拟优化。施工方案模拟优化是指通过 BIM 可以对项目重点及难点部分进行可建性模拟,按月、日、时对施工安装方案进行分析优化,验证复杂建筑体系(如施工模板、玻璃装配、锚固等)的可建造性,从而提高施工计划的可行性。对项目管理方而言,可直观了解整个施工安装环节的时间节点、安装工序及疑难点。而施工方也可以进一步对原有安装方案进行优化和改善,以提高施工效率和施工方案的安全性。

(2) 工程量自动计算。BIM 模型作为一个富含工程信息的数据库,可真实地提供造价管理所需的工程量数据。基于这些数据信息,计算机可快速地对各种构件进行统计分析,大幅度减少了烦琐的人工操作和潜在错误,实现了工程量信息与设计文件的统一。通过 BIM 所获得的准确的工程量统计,可用于设计前期的成本估算、方案比选、成本比较,以及

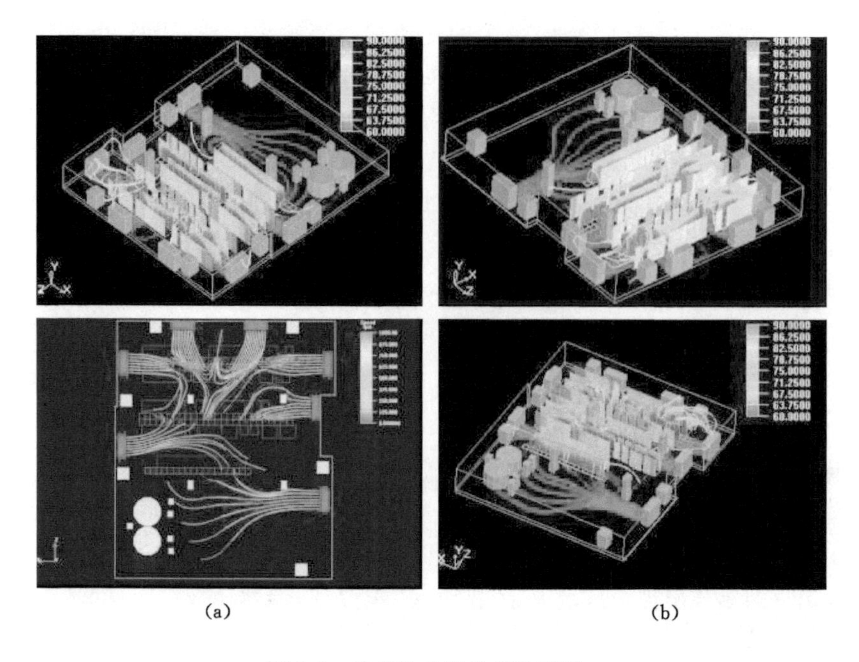

图 1-5　建筑物性能分析仿真图

开工前预算和竣工后决算。

(3) 消除现场施工过程干扰或施工工艺冲突。随着建筑物规模和使用功能复杂程度的加深，设计、施工及业主对于机电管线综合的出图要求愈加强烈。利用 BIM 技术，通过搭建各专业 BIM 模型，设计师能够在虚拟的三维环境下快速发现并及时排除施工中可能遇到的碰撞冲突，显著减少由此产生的变更申请单，大幅度提高施工现场作业效率，降低因施工不协调所造成的成本增长和工期延误。

3. 施工进度模拟

施工进度模拟，即通过将 BIM 技术与施工进度计划连接，把空间信息与时间信息整合在一个可视的 4D 模型中，直观、精确地反映整个施工过程。当前建筑工程项目管理中常以甘特图表示进度计划，其专业性强，但是可视化程度低，无法清晰描述施工进度以及各种复杂关系(尤其是动态变化过程)。而基于 BIM 技术的施工进度模拟可以直观、精确地反映整个施工过程，进而可以缩短工期，降低成本，提高质量。

4. 运维仿真

(1) 设备的运行监控，即采用 BIM 技术实现对建筑物设备的搜索、定位、信息查询等功能。在运维 BIM 模型中，在设备信息集成的前提下，运用计算机对 BIM 模型中的设备进行操作，可以快速查询设备的所有信息，如生产厂商、使用寿命、联系方式、运行维护情况以及设备所在位置等。通过对设备运行周期的预警管理，可以有效地防止事故的发生，利用终端设备和二维码、RFID 技术，迅速对发生故障的设备进行检修。

(2) 能源运行管理，即通过 BIM 模型对租户的能源使用情况进行监控与管理，赋予每个能源使用记录表传感功能，在管理系统中及时做好信息的收集处理，通过能源管理系统对能源消耗情况自动进行统计分析，并且可以对异常使用情况进行警告。

(3) 建筑空间管理，即基于 BIM 技术业主通过三维可视化直观地查询定位到每个租户的空间位置以及租户的信息，如租户名称、建筑面积、租约区间、租金情况、物业管理情况；还可以实现租户的各种信息的提醒功能，同时根据租户信息的变化，实现对数据的及时调整和更新。

（五）协调性

协调一直是建筑业工作中的重点内容，不管是施工单位还是业主及设计单位，都在做协调及配合的工作。基于 BIM 进行工程管理，有助于工程各参与方进行组织协调工作。通过 BIM 建筑信息模型可以在建筑物建造前期对各专业的碰撞问题进行协调，生成并提供协调数据。

1. 设计协调

设计协调是指通过 BIM 三维可视化控件及程序自动检测，可以对建筑物内机电管线和设备进行直观布置模拟安装，检查是否碰撞，找出问题所在及冲突矛盾之处，还可以调整楼层净高、墙柱尺寸等。

2. 整体进度规划协调

整体进度规划协调是指基于 BIM 技术，对施工进度进行模拟，同时根据最前沿的经验和知识进行调整，可极大地缩短施工前期的技术准备时间，并帮助各类各级人员针对设计意图和施工方案获得更高层次的理解。以前施工进度通常是由技术人员或管理层敲定的，容易出现下级人员信息断层的情况，BIM 技术的应用可使得施工方案更高效，更完美。

3. 成本预算、工程量估算协调

成本预算、工程量估算协调是指应用 BIM 技术可以为造价工程师提供各个设计阶段准确的工程量、设计参数和工程参数，这些工程量和参数与技术经济指标结合，可以给出准确的估算、概算，再采用价值工程和限额设计等手段对设计成果进行优化。同时，基于 BIM 技术生成的工程量不是简单的长度和面积的统计，专业的 BIM 造价软件可以进行精确的 3D 布尔运算和实体减扣，从而获得更符合实际的工程量数据，并且可以自动形成电子文档进行交换、共享、远程传递和永久存档。其在准确率和速度上都较传统统计方法有很大的提高，有效降低了造价工程师的工作强度，提高了工作效率。

4. 运维协调

BIM 系统包含多方信息，如厂家价格信息、竣工模型、维护信息、施工阶段安装深化图等。BIM 系统能够把成堆的图纸、报价单、采购单、工期图等统筹在一起，呈现出直观、实用的数据信息，并可以基于这些信息进行运维协调。运维管理主要体现在以下几个方面。

(1) 空间协调管理。空间协调管理主要应用于照明、消防等各系统和设备的空间定位。首先，业主应用 BIM 技术可获取各系统和设备空间位置信息，把原来编号或者文字表示变成三维图形位置，直观、形象且方便查找，如通过 RFID 获取大楼的安保人员位置。其次，应用 BIM 技术可使内部空间设施可视化，利用 BIM 建立一个可视三维模型，所有数据和信息可以从模型中获取调用，如装修的时候，可快速获取不能拆除的管线、承重墙等建筑构件的相关属性。

(2) 设施协调管理。设施协调管理主要体现在设施的装修、空间规划和维护操作上。

BIM 技术能够提供关于建筑项目的协调一致的可计算的信息，该信息可用于共享及重复使用，从而可以降低由于缺乏操作性而导致业主和运营商的成本损失。此外，基于 BIM 技术还可以对重要设备进行远程控制，把原来商业地产中独立运行的各种设备通过 RFID 等技术汇总到统一的平台上进行管理和控制。通过远程控制，可以充分了解设备的运行状况，为业主更好地进行运维管理提供良好条件。

(3) 隐蔽工程协调管理。基于 BIM 技术的运维可以管理复杂的地下管网，如污水管、排水管、网线、电线以及相关管井，并且可以在图上直接获得相对位置关系。当改建或二次装修的时候可以避开现有管网位置，便于管网维修、更换设备和定位。内部相关人员可以共享这些电子信息，有变化时可随时调整，保证信息的完整性和准确性。

(4) 应急管理协调。通过 BIM 技术的运维管理对突发事件的管理包括：预防、警报和处理。以消防事件为例，该管理系统可以通过喷淋感应器感应信息；如果发生着火事故，在商业广场的 BIM 信息模型界面中就会自动触发火警警报；着火区域的三维位置和房间立即进行定位显示；控制中心可以及时查询相应的周围环境和设备情况，为及时疏散人群和处理灾情提供重要信息。

(5) 节能减排管理协调。BIM 结合物联网技术的应用，使得日常能源管理监控变得更加方便。通过安装具有传感功能的电表、水表、煤气表，可以实现建筑能耗数据的实时采集、传输、初步分析、定时定点上传等基本功能，并具有较强的扩展性。系统还可以实现室内温湿度的远程监测，分析房间内的实时温湿度变化，配合节能运行管理。在管理系统中可以及时收集所有能源信息，并且通过开发的能源管理功能模块，对能源消耗情况进行自动统计分析，比如各区域、各户主的每日用电量和每周用电量等，并对异常能源使用情况进行警告或者标识。

(六) 优化性

整个设计、施工、运营过程是一个不断优化的过程，没有准确的信息就得不到合理的优化结果。BIM 模型提供了建筑物存在的实际信息，包括几何信息、物理信息、规则信息，还提供了建筑物变化后的实际信息。BIM 及与其配套的各种优化工具提供了对复杂项目进行优化的可能。把项目设计和投资回报分析结合起来，计算出设计变化对投资回报的影响，使得业主知道哪种项目设计方案更有利于自身需求，对设计施工方案进行优化，可以带来显著的工期和造价改进。

(七) 可出图性

运用 BIM 技术，除了能够进行建筑平面图、立面图、剖面图及详图的输出外，还可以输出碰撞报告及构件加工图等资料。

1. 施工图纸输出

通过将建筑、结构、电气、给排水、暖通等专业的 BIM 模型整合后进行管线碰撞检测，可以输出综合管线图(经过碰撞检查和设计修改消除了相应错误)、综合结构留洞图(预埋套管图)、碰撞检查报告和建议改进方案。

(1) 建筑与结构专业的碰撞。建筑与结构专业的碰撞主要包括建筑图纸与结构图纸中标高和柱、剪力墙等的位置是否一致等问题。

(2) 设备内部各专业碰撞。设备内部各专业碰撞内容主要是检测各专业与管线的冲突情况。

(3) 建筑、结构专业与设备专业碰撞。设备与室内装修碰撞属于建筑专业与设备专业的碰撞，图 1-6 为水管穿吊顶图。管道与梁柱冲突属于结构专业与设备专业的碰撞，图 1-7 为风管和梁碰撞图。

图 1-6　水管穿吊顶图

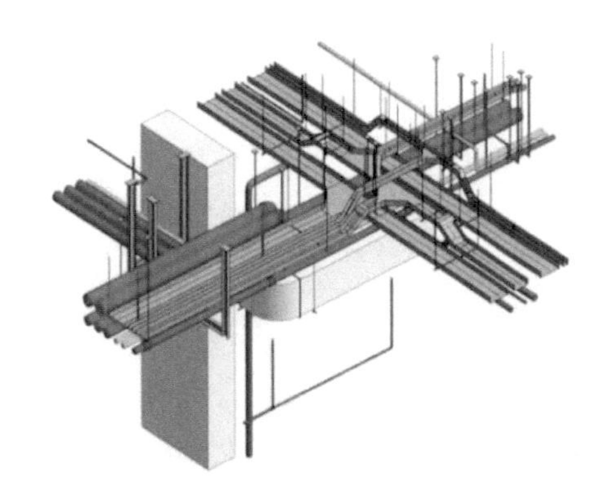

图 1-7　风管和梁碰撞图

(4) 解决管线空间布局。基于 BIM 模型可调整解决管线空间布局问题，如机房过道狭窄、各管线交叉等问题。管线交叉及优化的具体过程如图 1-8 所示。

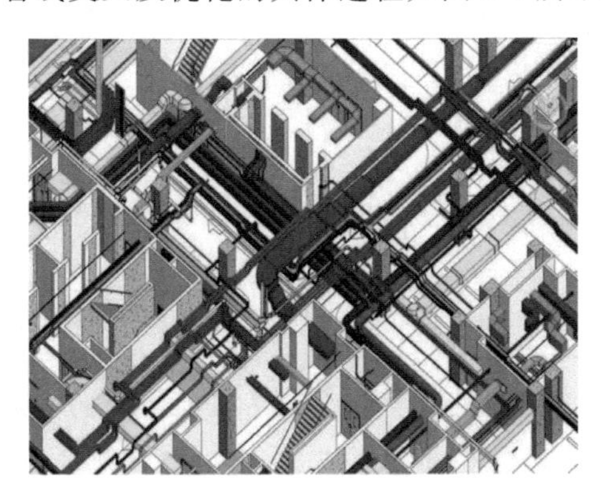

图 1-8　管线交叉及优化图

2. 构件加工指导

(1) 出构件加工图。通过 BIM 模型对建筑构件的信息化表达，可在 BIM 模型上直接生成构件加工图，不但能清楚地传达传统图纸的二维关系，而且可以清楚表达复杂的空间剖面关系，还能够将离散的二维图纸信息集中到一个模型中，这样的模型能够更加紧密地实现与预制工厂的协同和对接。

(2) 构件生产指导。在生产过程中，BIM 信息化技术可以直观地表达出配筋的空间关系和各种参数，能自动生成构件下料单、派工单、模具规格参数等生产表单，并且能通过可视化的直观表达帮助工人更好地理解设计意图，可以形成 BIM 生产模拟动画、流程图、说明图等辅助培训的材料，有助于提高工人生产的准确性和质量。

(3) 实现预制构件的数字化制造。借助工厂化、机械化的生产方式，采用集中、大型的生产设备，将 BIM 信息数据输入设备，就可以实现机械的自动化生产，这种数字化建造方式可以大幅度提高工作效率和生产质量。比如现在已经实现了钢筋网片的商品化生产，符合设计要求的钢筋在工厂可自动下料、自动成形、自动焊接（绑扎），形成标准化的钢筋网片。

（八）信息完备性

信息完备性体现在 BIM 技术可对工程对象进行 3D 几何信息和拓扑关系的描述以及完整的工程信息描述，如对象名称、结构类型、建筑材料、工程性能等设计信息；施工工序、进度、成本、质量以及人力、机械、材料资源等施工信息；工程安全性能、材料耐久性能等维护信息；对象之间的工程逻辑关系等。

第三节　BIM 的基础应用

一、BIM 在勘察设计阶段的应用

BIM 在勘察设计阶段的主要应用见表 1-1。

表 1-1　BIM 在勘察设计阶段的主要应用

勘察设计阶段 BIM 应用内容	勘察设计阶段 BIM 应用分析
设计方案论证	设计方案比选与优化，提出性能、品质最优的方案
设计建模	1. 三维模型展示与漫游体验；建筑、结构、机电各专业协同建模； 2. 参数化建模技术实现一处修改，其相关联内容智能变更； 3. 避免错、漏、碰、缺发生
能耗分析	1. 通过 IFC 或 gbxml 格式文件输出能耗分析模型； 2. 对建筑能耗进行计算、评估，进而开展能耗性能优化； 3. 能耗分析结果存储在 BIM 模型或信息管理平台中，便于后续应用
结构分析	1. 通过 IFC 或 Structure Model Center 输出数据计算模型； 2. 开展抗震、抗风、抗火等结构性能设计； 3. 结构计算结果存储在 BIM 模型或信息管理平台中，便于后续应用
光照分析	1. 建筑、小区日照性能分析； 2. 室内光源、采光、景观可视度分析； 3. 光照计算结果存储在 BIM 模型或信息管理平台中，便于后续应用
设备分析	1. 管道、通风、负荷等机电设计中的计算分析模型输出； 2. 冷、热负荷计算分析； 3. 舒适度模拟； 4. 气流组织模拟； 5. 设备分析结果存储在 BIM 模型或信息管理平台中，便于后续应用

表 1-1(续)

勘察设计阶段 BIM 应用内容	勘察设计阶段 BIM 应用分析
绿色评估	1. 通过 IFC 或 gbxml 格式文件输出绿色评估模型； 2. 建筑绿色性能分析，包括规划设计方案分析与优化、节能设计与数据分析、建筑遮阳与太阳能利用、建筑采光与照明分析、建筑室内自然通风分析、建筑室外绿化环境分析、建筑声环境分析、建筑小区雨水采集和利用； 3. 绿色分析结果存储在 BIM 模型或信息管理平台中，便于后续应用
工程量统计	1. 通过 BIM 模型输出土建、设备统计报表； 2. 输出工程量统计，与概预算专业软件集成计算； 3. 概预算分析结果存储在 BIM 模型或信息管理平台中，便于后续应用
其他性能分析	1. 建筑表面参数化设计； 2. 建筑曲面幕墙参数化分格、优化与统计
管线综合	各专业模型碰撞检测，提前发现错、漏、碰、缺等问题，减少施工中的返工和浪费
规范验证	BIM 模型与规范、经验相结合，实现智能化设计，减少错误，提高设计便利性和效率
设计文件编制	从 BIM 模型中输出二维图纸、计算书、统计表单，特别是详图和表达，可以提高施工图的出图效率，并能有效减少二维施工图中的错误

在我国工程设计领域，可以发现 BIM 技术已获得比较广泛的应用，除表 1-1 中的“规范验证”外，其他方面都有应用，应用较多的方面大致如下：

(1) 设计中均建立了三维设计模型，各专业设计之间可以共享三维设计模型数据，进行专业协同、碰撞检查，避免数据重复录入。

(2) 使用相应的软件直接进行建筑、结构、设备等各专业设计，部分专业的二维设计图纸可以从三维设计模型自动生成。

(3) 可以将三维设计模型的数据导入各种分析软件，例如能耗分析软件、日照分析软件、风环境分析软件等，快速进行各种分析和模拟，还可以快速计算工程量并进一步进行工程成本预测。

二、BIM 在施工阶段的作用

(一) BIM 对施工阶段技术提升的价值

(1) 辅助施工深化设计或生成施工深化图纸。

(2) 利用 BIM 技术对施工工序进行模拟和分析。

(3) 基于 BIM 模型的错漏碰缺检查。

(4) 基于 BIM 模型的实时沟通方式。

(二) BIM 对施工阶段管理和综合效益提升的价值

(1) 可提高总包管理和分包协调的工作效率。

(2) 可降低施工成本。

(三) BIM 对工程施工的价值和意义

BIM 对工程施工的价值和意义见表 1-2。

表1-2 BIM对工程施工的价值和意义

工程施工阶段BIM应用	工程施工阶段BIM应用分析
支撑施工投标的BIM应用	1. 3D施工工况展示； 2. 4D虚拟建造
支撑施工管理和工艺改进的单项功能BIM应用	1. 设计图纸审查和深化设计； 2. 4D虚拟建造，工程可建性模拟(样板对象)； 3. 基于BIM的可视化技术讨论和简单协同； 4. 施工方案论证、优化、展示以及技术交底； 5. 工程量自动计算； 6. 消除现场施工过程干扰或施工工艺冲突； 7. 施工场地科学布置和管理； 8. 服务构配件预制生产、加工及安装
支撑项目、企业和行业管理集成与提升的综合BIM应用	1. 4D计划管理和进度监控； 2. 施工方案验证和优化； 3. 施工资源管理和协调； 4. 施工预算和成本核算； 5. 质量安全管理； 6. 绿色施工； 7. 总承包、分包管理协同工作平台； 8. 施工企业服务功能和质量的拓展、提升
支撑基于模型的工程档案数字化和项目运维的BIM应用	1. 施工资料数字化管理； 2. 工程数字化交付、验收和竣工资料数字化归档； 3. 业主项目运维服务

三、BIM在运营维护阶段的作用

BIM参数模型可以为业主提供建设项目中所有系统的信息，在施工阶段做出的修改将全部同步更新到BIM参数模型中形成最终的BIM竣工模型。该竣工模型作为各种设备管理的数据库，为系统的维护提供依据。

此外，BIM可同步提供有关建筑使用情况或性能、入住人员与容量、建筑已用时间以及建筑财务方面的信息。同时，BIM可提供数字更新记录，并改善搬迁规划与管理。BIM还促进了标准建筑模型对商业场地条件(例如零售业场地，这些场地需要在许多不同地点建造相似的建筑)的适应。有关建筑的物理信息(例如完工情况、承租人或部门分配、家具和设备库存)和关于可出租面积、租赁收入或部门成本分配的重要财务数据，都更加易于管理和使用。高校访问这些类型的信息可以提高建筑运营过程中的收益与成本管理水平。

综合应用GIS技术，将BIM与维护管理计划连接，实现建筑物业管理与楼宇设备的实时监控相集成的智能化和可视化管理，及时定位问题来源，结合运营阶段的环境影响和灾害破坏，针对结构损伤、材料劣化及灾害破坏，可进行建筑结构安全性、耐久性的分析与预测。

四、BIM在项目全生命周期中的作用

在传统的设计-招标-建造模式下，基于图纸的交付模式使得跨阶段时的信息损失带来大量价值的损失，导致出错、遗漏，需要花费额外的精力来创建、补充精确的信息。而基于BIM模型的协同合作模型，利用三维可视化、数据信息丰富的模型，各方可以获得更大的投入产出比(图1-9)。

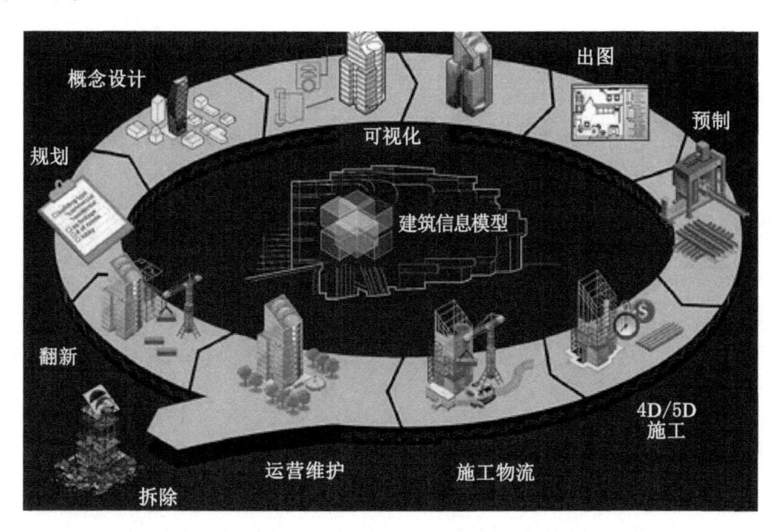

图1-9 项目全生命周期中各阶段的信息与效率图

鉴于无法比拟的优势和活力，现今BIM已被越来越多的专家应用到各种工程项目中，涵盖了从简单的仓库到形式最复杂的新建筑，随着建筑物的设计、施工、运营的推进，BIM将在建筑的全生命周期中不断体现其价值。

第四节 建设工程项目及项目管理的概念

一、建设工程项目的概念

项目是一系列独特的复杂的并相互关联的活动，这些活动有着一个明确的目标，且必须在特定的时间、预算、资源限定内，依据规范完成。

建设工程项目是为完成依法立项的新建、改建、扩建的各类工程(土木工程、建筑工程及安装工程等)而进行的一组有起止日期且达到规定要求，由相互关联的受控活动组成的特定过程，包括策划、勘察、设计、采购、施工、试运行、竣工验收和考核评测等。

二、项目管理的概念

项目管理是项目的管理者在有限的资源约束下，运用系统的观点、方法和理论，对项目涉及的全部工作进行有效管理，即从项目的投资决策开始到项目结束的全过程，进行计划、组织、指挥、协调、控制和评价，以实现项目的目标。

项目管理是指把各种系统、方法和人员结合在一起，在规定的时间、预算和质量目标范

围内完成项目的各项工作。

三、工程项目管理的内容及分类

（一）工程项目管理的内容

工程项目管理是项目管理的一个重要分支，是指通过一定的组织形式，用系统工程的观点、理论和方法对工程建设项目生命周期内的所有工作，包括项目建议书编制、可行性研究、项目决策、设计、设备询价、施工、签证、验收等系统运作过程进行计划、组织、指挥、协调和控制，以达到保证工程质量、缩短工期、提高投资效益的目的。由此可见，工程项目管理是以工程项目目标控制（质量控制、进度控制和投资控制）为核心的管理活动。

1. 工程项目时间（进度）管理

工程项目时间管理又称为进度管理，是为了确保项目最终按时完成而进行的一系列管理过程，包括具体活动界定、活动排序、时间估计、进度安排及时间控制等多项工作。“按时、保质地完成项目”是每一位项目经理最希望做到的，但是工期拖延的事情时有发生，因而合理地安排项目的时间是项目管理中的一项重要内容，其目的是保证按时完成工程项目，合理分配资源，达到最佳工作效率。

2. 工程项目成本管理

工程项目成本管理是指根据企业的总体目标和工程项目的具体要求，在工程项目实施过程中对项目成本进行有效的组织、实施、控制、跟踪、分析和考核等管理活动，以达到强化经营管理、完善成本管理制度、提高成本核算水平、降低工程成本的目的。成本管理是实现目标利润和创造良好经济效益的过程。建筑施工企业在工程建设中实行施工项目成本管理是企业生存和发展的基础和核心。在施工阶段通过搞好成本控制来达到增收节支的目的，是项目经营活动中更重要的环节，其程序如图 1-10 所示。

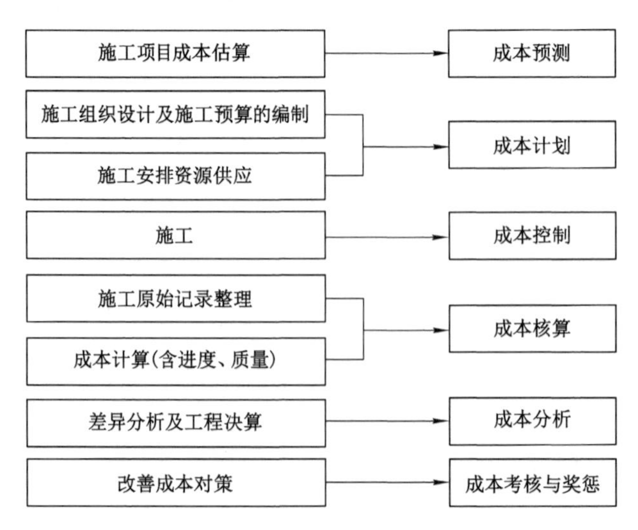

图 1-10　工程项目成本管理程序示意图

3. 工程项目质量管理

建设工程项目质量管理就是确定和建立质量方针、质量目标及职责,并在质量管理体系中通过质量策划、质量控制、质量保证和质量改进等手段来实施和实现全部质量管理职能的所有活动。

(二) 工程项目管理的类型

由于建设工程项目周期中各阶段的任务和实施主体不同,所以形成不同类型的项目管理,主要包括业主方项目管理、设计方项目管理、施工方项目管理、供货方项目管理和工程总承包方项目管理。

1. 业主方项目管理

业主方项目管理是指由项目业主或委托人对项目建设全过程进行的监督与管理。业主方项目管理服务于业主的利益,其目标包括项目的投资目标、进度目标和质量目标。其中投资目标是指项目的总投资目标;进度目标是指项目动用的时间目标,即项目交付使用的时间目标;项目的质量目标不仅涉及施工质量,还涉及设计质量、材料质量、设备质量和影响项目运行或运营的环境质量等。

2. 设计方项目管理

设计方项目管理即设计单位受业主委托承担工程项目的设计任务,以设计合同所界定的工作目标及责任义务作为工程设计管理的对象、内容和条件。设计方的项目管理主要服务于项目的整体利益和设计方自身利益。其项目管理的目标包括设计方的成本目标、进度目标、质量目标以及投资目标。项目的投资目标能否实现与设计工作密切相关。

3. 施工方项目管理

施工方作为项目建设的参与方,其项目管理主要服务于项目的整体利益和施工方自身利益。施工方的项目管理工作主要在施工阶段进行,但也涉及设计准备阶段、设计阶段、动用前准备阶段和保修期。

4. 建设物资供货方的项目管理

供货方的项目管理涉及为了确保项目管理的目标(包括供货方的成本目标、供货的进度目标和供货的质量目标)得以顺利实现而进行的一系列管理工作。供货方的项目管理主要服务于项目的整体利益和供货方自身的利益。其项目管理的目标包括供货方的成本目标、进度目标和质量目标。

5. 建设项目总承包(或称为建设项目工程总承包)方的项目管理

承包商的项目管理是指承包商为完成合同约定的任务,在项目建设的相应阶段对项目有关活动进行计划、组织、协调、控制的过程。项目总承包方的管理目标包括项目的总投资目标和总承包方的成本目标、项目的进度目标和项目的质量目标。建设项目总承包方的项目管理工作涉及项目实施阶段全过程,即设计前的准备阶段、设计阶段、施工阶段、动用前准备阶段和保修期。

第二章 工程各阶段 BIM 技术分析

第一节 企业规划阶段的应用

一、应用意义

设计单位及施工单位内各个部门大多数独立运作，协同作业只发生在各个阶段交接过程中，并且多采用的是抽象的二维图纸文档及表格，易导致信息沟通不畅，从而影响工作效率。而大型复杂结构工程，涉及工序专业多且工程量大，使得各个部门的联系越来越密切。

通过 BIM 技术的应用，企业能够实现对项目工程信息的集成管理。以 BIM 模型为基础，项目各参与方可以实现信息共享及文档、视频的提交、审核及使用，并通过网络协同进行工程协调，实现对多个参与方的协同管理。企业将体会到 BIM 带来的从经营投标到设计、施工、维护的一系列创新和变更的好处。

二、企业内部 BIM 模型资源管理

(1) 随着 BIM 技术的普及，BIM 模型资源规模的增长极为迅速，BIM 模型资源库将成为企业信息资源的核心组成部分。BIM 模型资源管理核心工作包括：

① BIM 模型资源的信息分类及编码。

② BIM 模型资源管理系统建设。

(2) BIM 模型资源的信息分类及编码应当遵循信息分类编码的一些基本原则。在分类方法和分类项的设置上，应尽量与国家标准《建筑信息模型分类和编码标准》(GB/T 51269—2017)一致。

(3) BIM 模型资源管理上应做到以下四点：

① 规范 BIM 模型资源检查标准。

主要包括检查 BIM 模型及构件是否符合交付内容及细度要求、BIM 模型中所应包含的内容是否完整、关键几何尺寸及信息是否正确等内容。

② 规范 BIM 模型资源入库及更新。

对于任何 BIM 模型及构件的入库操作，都应经过仔细的审核再进行。工程人员不能直接将 BIM 模型及构件导入企业 BIM 资源库。一般应对需要入库的模型及构件先在本专业内部进行校审，再提交 BIM 资源库管理员进行审查及规范化处理后由 BIM 中心管理员完成入库操作。对于需要更新的 BIM 模型及构件，也应采用类似审核方式进行，或提出更新申请，由 BIM 资源库管理员更新。

③ 建立 BIM 模型资源入库激励制度。

在企业资源库的应用过程中，特别是在资源库建设初期，企业应考虑建立一定的激励制度，如鼓励提供新的BIM模型及构件、无错误提交、在库中发现问题。这样才能提高工程人员的积极性，以使企业BIM资源库的不断完善。

④ 规范BIM模型资源文件夹结构。

在企业资源库的资源收集及应用过程中，应及时将通用数据(包含标准模板、构件族和项目手册等)及项目数据(包含××项目BIM模型、任务信息模型、输出文件等)集中保存在中央服务器中，并设置访问权限进行管理，便于新项目的调用。

三、企业级BIM实施方案

(一) 第一阶段——创建

以标杆项目作为试点，采用外包服务方式，建立企业内部BIM应用体系，同时培养内部BIM应用团队。在BIM实施初期，应合理选择试点项目和培训方式，积累经验，逐步推广。试点项目一般是已完成或心中有数的项目，可以集中精力学习软件，而不至于产生延误工期的风险。此项目应涵盖各主要专业，规模和复杂性适中，可以使各个专业的工程师都有机会参与和熟悉BIM设计平台，同时可以培养出“核心骨干”，为将来的大规模推广打下基础。

(二) 第二阶段——管理

形成集团BIM中心—下属单位BIM中心—项目部BIM工作室总体管理方案，根据企业信息化实现的方式进行整体实施管理。先从项目部管理岗位和项目部来实施，形成以BIM为基础的基础数据自动获取，然后考虑企业整体应用以及与设计BIM的衔接。利用管理平台与BIM技术相结合，使混乱的信息交互变为有序且高效的交互方式。组建公司BIM中心，明确核心职能。

(三) 第三阶段——共享

由集团BIM中心牵头，在公共库的基础上建立企业BIM模型数据库，形成企业内部BIM资源管理系统，初步建立工业化构件库、机电设备族库、大型机械族库等，以设计图为依据，集成从设计到施工直至使用周期结束的全生命周期内的所有工程信息。各种信息应能够在网络环境中保持即时更新，且可在获得相关授权后进行访问、增加、变更、删除等操作，为单位内部消息交流、工作汇报以及决策层获取信息提供便利。

四、BIM实施计划

(一) 第一阶段——BIM实施调研

1. 阶段目标

(1) 建立BIM实施团队；

(2) 明确BIM实施目标；

(3) 通过调研在基层和项目部普及BIM技术；

(4) 了解和掌握公司总部和项目部BIM实施基础；

(5) 了解后续与BIM相关的管理流程和体系。

2. 成果提交

(1) BIM 实施调研报告;

(2) BIM 详细实施报告。

(二) 第二阶段——BIM 模型创建

1. 阶段目标

(1) 进行 BIM 建模培训;

(2) 根据施工图纸建立 BIM 各专业 BIM 模型;

(3) BIM 模型准确性核对;

(4) 对各专业 BIM 模型进行碰撞检查;

(5) BIM 模型分权限数据共享。

2. 成果提交

(1) BIM 建模成果报告;

(2) BIM 碰撞报告。

(三) 第三阶段——BIM 模型维护、应用以及 BIM 中心内部体系建立

1. 阶段目标

(1) 根据设计变更以及新图纸建立或调整 BIM 模型;

(2) BIM 模型在施工指导、材料管理、成本管理、碰撞检查等方面的应用指导;

(3) BIM 技术岗位应用指导以及形成配套的制度保障;

(4) BIM 应用流程确定;

(5) BIM 团队培养;

(6) 项目部、分公司、总部相关部门人员在 BIM 平台上协同共享,数据查询。

2. 成果提交

(1) BIM 应用月进展报告;

(2) BIM 应用配套流程、管理制度;

(3) BIM 应用岗位操作说明。

(四) 第四阶段——总部 BIM 系统部署、调试和试运行

1. 阶段目标

(1) 协同工作系统在总部服务器中进行部署;

(2) 各项目 BIM 模型及族汇总到集团 BIM 中心服务器;

(3) 集团 BIM 中心进行 BIM 资源分类及编码;

(4) 进行 BIM 资源管理,形成完善的 BIM 资源入库制度;

(5) 系统调试,试运行。

2. 成果提交

(1) BIM 系统部署实施报告;

(2) BIM 系统验收报告。

第二节　经营投标阶段的应用

一、应用意义

投标是企业承揽工程必须经过的环节，对许多企业而言，如何展示自己的技术实力与水平是非常重要的。而在投标阶段开始使用 BIM 对企业获得最大的 BIM 技术应用投入产出比也是十分必要的。

(1) 通过方案对比获得更好的技术方案。

方案对比是技术标的重点，也是凸显企业实力和能力的重要部分。BIM 可以提供多种施工工序及初步设计阶段的对比方案，并且有良好的可操作性和可建议性，如管路长度的优化、初步设计中的日照分析等。如果投标中有哪些技术细节不清楚，也可以用 BIM 技术进行 3D 或 4D 甚至 5D 的模拟，根据模拟情况修改技术方案，提出技术措施，甚至是对业主的合理化建议。通过 BIM 技术提升了技术标的表现，可以更好地展现技术方案，同时使方案更加合理，提升企业解决技术问题的能力。

(2) 通过风险控制获得更好的结算利润。

避险趋利、扬长避短是企业投标的原则。技术上，通过 BIM 模型结合现场实际可以预先了解施工及设计难点和重点，采用风险转移或技术创新等方式积极应对，对于施工来说，还可以编制具有针对性、可靠性好的施工组织设计，为技术标评审争取技术分。经济上，成本核算是投标工作的重点，传统工作方式大多数是人工操作，耗时，准确率也不高，成本估算偏差都给投标报价的定位带来不利影响。在 BIM 相关软件帮助下，工程量统计变得简单易行，只需鼠标操作就可以完成投标项目的工程量统计，数据准确可靠，为之后的成本核算带来极大便利。目前业主方的招标工程量清单质量很不好，一方面是由于“三边”工程预算条件不齐备，另一方面是咨询顾问的工作质量有很多问题。如果企业有能力在投标报价时对招标工程量清单进行精算，运用不平衡报价策略，将会获得很好的结算利润，这一结算利润达到 5%也是有可能的。

(3) 通过标前评价提高中标率。

标前评价是提高投标质量的重要工作之一。投标时间一般非常紧，很多施工企业根本没有时间仔细审核图纸，更不用说核对工程量清单。利用 BIM 数据库，结合相关软件整理数据，通过核算人、材、机用量，分析施工环境和施工难点，结合施工单位的实际施工能力，综合判断选择项目投标，做好投标的前期准备和筛选工作。毫无疑问，精准的报价和较优的技术方案能够提高中标率和投标质量。

二、投标阶段 BIM 工作流程

投标阶段 BIM 工作由各下属企业 BIM 中心负责，项目投标团队及集团 BIM 中心配合完成。以施工企业投标为例，具体做法为：根据投标团队或招标文件的具体要求，建安企业 BIM 中心负责组建投标 BIM 小组，完成建模及 BIM 相关应用。工程中标后，建安企业 BIM 中心负责向项目部提供投标阶段的 BIM 模型，如图 2-1 所示。

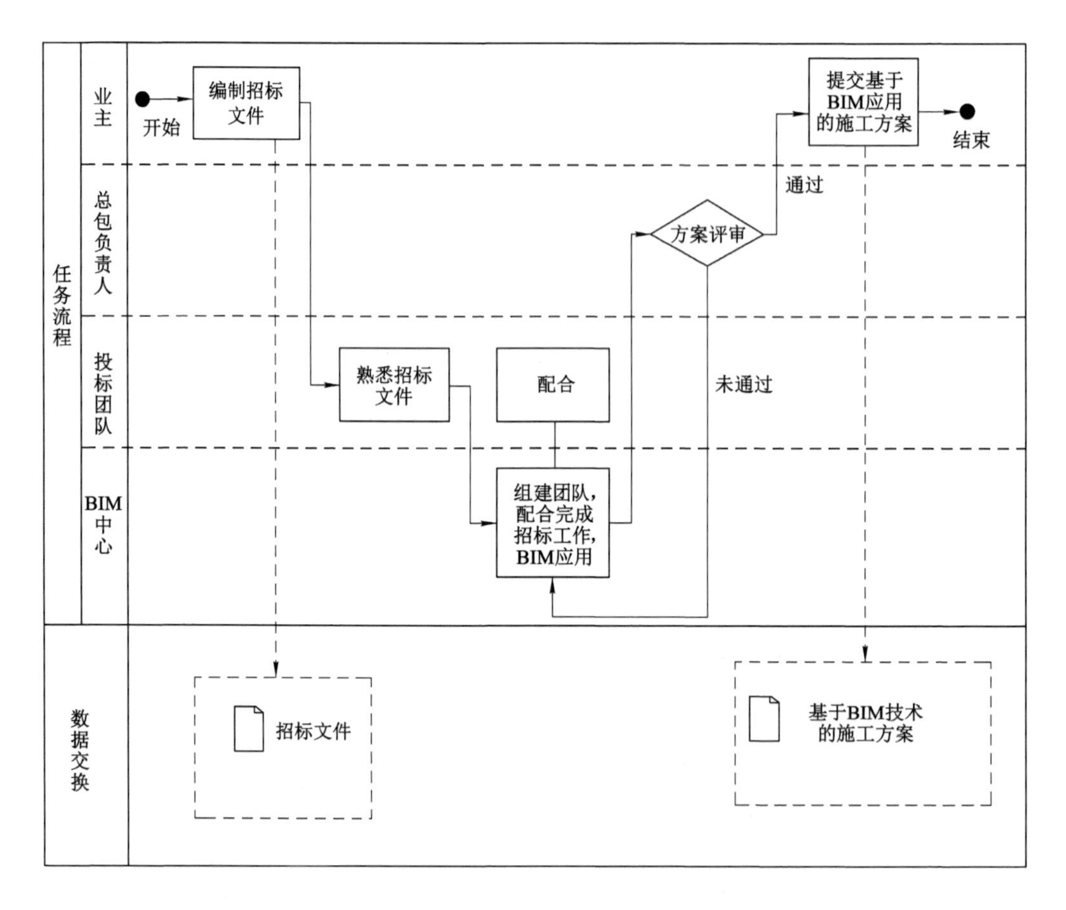

图 2-1　招投标阶段实施步骤

三、技术标

（一）建立 BIM 模型

投标工作开始后，为了在标书的各个环节中应用 BIM，首先建立工程 BIM 模型。投标阶段建模应区别于施工阶段建模，投标阶段建模时间较短，为了快速建立模型，模型精度建议控制在 LOD200。在建筑物本身建模基础上，同时要体现施工方案和工艺措施，建议针对施工场地、临时设施及重要大型设备进行建模。

（二）工程概况介绍

可用文字及图表等形式说明相关概况后插入相关 BIM 模型图，利用 3D 视觉效果提高标书表现力，例如某建筑物结构整体 BIM 模型如图 2-2 所示，机电标准层模型如图 2-3 所示。

（三）施工组织部署和进度计划

技术标书中，为了清楚介绍工程施工的步骤、各个分区的施工顺序以及各个重要里程碑节点工程的形象进度和相关专业的进展情况，利用 BIM 模型的三维可视化特点，将重点工程施工阶段表现出来，用一系列三维形象示意图展示各阶段工程形象进度。

应针对局部施工，例如某部位钢结构的吊装，可用一系列实际装配图具体说明施工的

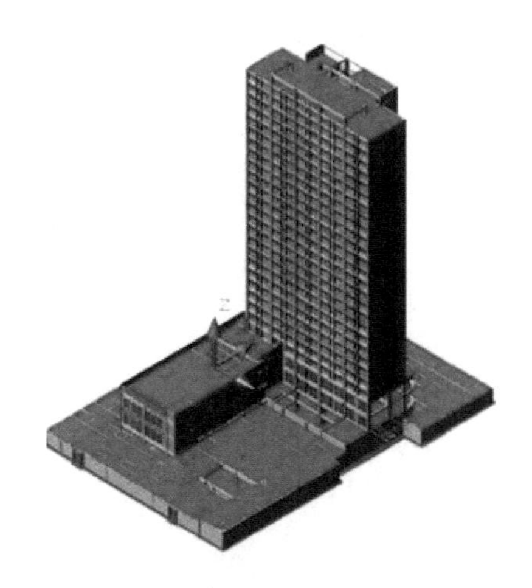

图 2-2　结构整体 BIM 模型

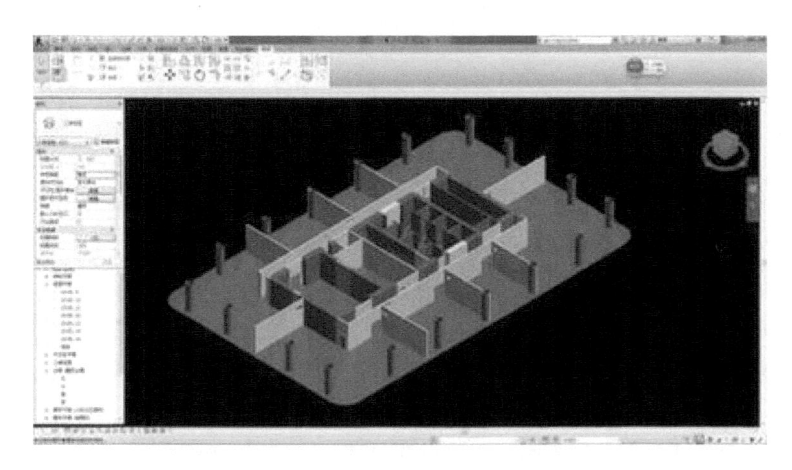

图 2-3　机电标准层 BIM 模型

工艺顺序。在此应用中，为了提高表现力，可将 BIM 模型导入 3DMAX 等专业渲染软件输出。比起传统的文字加以口述，以动画形式展现，更容易展示技术实力。

（四）大型设备和施工装备方案

应利用 BIM 技术模拟施工现场，在工程模型中加入塔式起重机等大型施工设备，并基于模型的可优化性对设备布置方案进行比选，最终确定塔式起重机型号和位置，并可以从模型中直接提取塔式起重机等设备的各项参数和性能指标，形成附表附在方案中，充分体现设备方案的可信度和说服力。对于常用施工设备和设施，应建立族文件，以供其他方案使用。

（五）深化设计

对于机电机房和重要部位的管线施工，应利用 BIM 技术进行深化设计，并进行碰撞检查和综合优化，将最终设计方案甚至精确的施工图展现在方案中，以表现投标单位的深化设计和复杂部位的处理能力。

通过 Tekla Structures 等软件进行钢结构重要节点深化设计，包括搭建构件、节点设计、图纸绘制等。三维模型中包含加工制造及现场安装所需的一切信息，并可以生成相应的制造和安装信息。

（六）施工平面布置和临时设施设计

在投标方案中应利用 BIM 技术进行施工平面合理布置，并在标书中直观表现设计成果，必要时可以对临时设施材料用量进行自动统计。可以对整个施工场地的临时设施和道路场地进行建模，按基础、主体结构、装修等分阶段编制和优化，将设计结果反映到投标书中。三维的规划图更加清晰直观，能直接显示实际的工作方式。

四、商务标

在商务标中，应利用 BIM 技术对招标工程量进行仔细复核，进行快速准确算量。并与招标工程量进行对比，按照差值百分率排序，做到数据分析精细化，提高编制商务标的效率。

第三节　设计、施工阶段的应用

一、BIM 工作计划编制

工程中标后，需要进行 BIM 建模及应用的工程，由项目部向各单位 BIM 中心提交“项目 BIM 技术应用申请表”，由 BIM 中心指派一名工程师担任项目部 BIM 经理，根据项目申请编制施工工程 BIM 工作计划，并确定 BIM 工作团队，根据项目特点及各专业人员配置情况组建 BIM 团队，完成项目的各项 BIM 工作。

BIM 计划应包括以下主要内容：

（1）项目信息。

（2）BIM 应用目标及价值分析。

（3）BIM 工作流程。

（4）人员组成及工作职责。

（5）会议制度。

（6）资料交换。

（7）文件及文件夹命名形式。

（8）专业模型实施要求。

（9）专业信息模型拆分。

（10）专业信息模型应用清单。

（11）施工阶段基于 BIM 技术的管理。

（12）资料交互与成果交付。

BIM 计划编制完成后应发给项目各相关方审核修改，并纳入工作计划，以施工阶段为例，具体施工阶段 BIM 准备工作实施步骤如图 2-4 所示。

二、BIM 应用目标及价值分析

（一）基本应用目标

BIM 技术的基本应用目标包括：

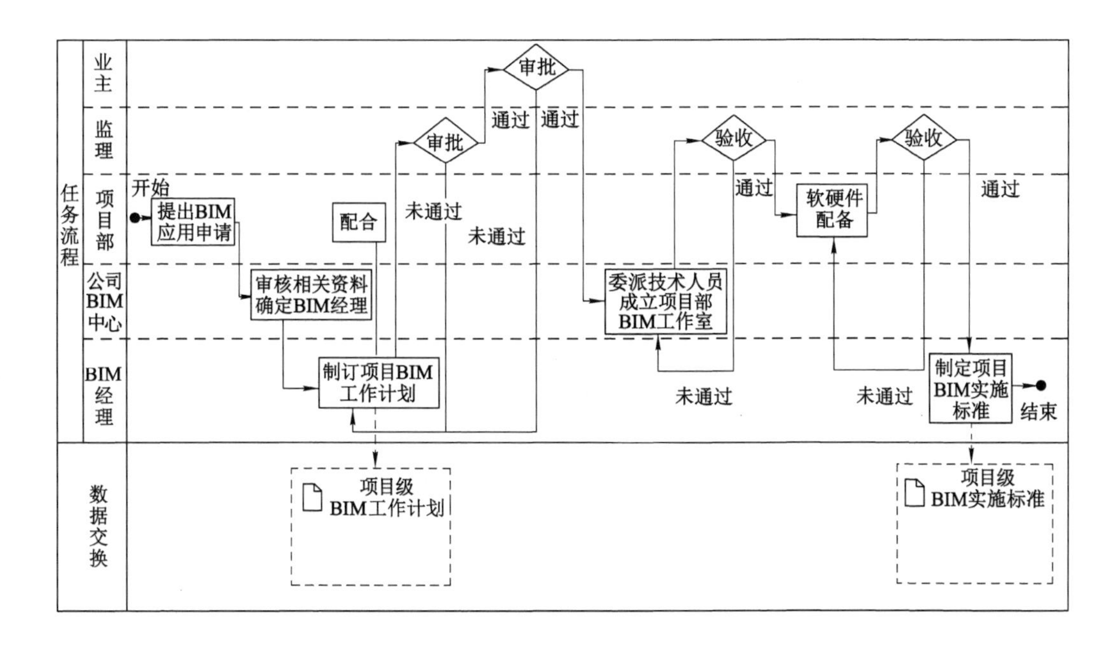

图 2-4　具体施工阶段 BIM 准备工作实施步骤

(1) 在项目全寿命周期内为不同利益相关方提供相关数据与协同工作指导，以实现数据共享和所有信息协调一致。

(2) 通过 BIM 实施流程的制定将使企业及项目各参与方更好地编制工作任务，做到各方角色和责任明确划分。

(3) 将个人完成任务与信息模型技术结合，设立更多子模型（专业信息模型），将 BIM 技术应用于设计、施工及竣工阶段的每个环节，利用 BIM 技术实现施工管理信息化与精细化。

（二）BIM 技术在设计阶段的具体应用目标

BIM 技术在设计阶段的具体应用目标包括：

(1) 建筑策划，优化设计。由于 BIM 是参数化设计，工程师可以快速生成多种初步方案模型提交比对，而且可以便利、快捷地进行修改。同时，由于 BIM 承载了大量的建筑信息，可以使设计者能够轻松地进行能耗、光照、风动等分析，对方案不断优化，最大限度地满足业主的需求。

(2) 可视化设计。Sketchup 和 Revit 等三维可视化软件的出现弥补了项目投资方及业主习惯于对传统的二维绘图软件理解能力而造成的与设计院之间的交流障碍，利用 Revit 平台，能够将传统的平、立、剖三视图展现的绘图方式改为三维可视化立体模型，不仅能够使工程师以三维视角完成建筑、结构及设备专业的设计，而且能大幅度提高了与业主方的沟通效率，大幅度提高了专业之间的互动性和可视性，项目设计始终在可视化状态下完成。

(3) 设计协同，信息交流。协同设计是一种新兴的建筑设计方式。以往的设计流程，往往由建筑师首先完成建筑设计，提供相关资料给结构及水暖电等专业，当其他专业遇到问题时，需要通过会议讨论、口头沟通等形式完成设计过程的协调工作，而利用 BIM 技术可以使分布在不同地理位置的不同专业设计人员通过网络展开协同工作，所有专业的设计沟通均在平台上解决，不仅实现了专业之间的信息流转，而且能够提高专业之间数据的关联性。

(4) 性能分析，一模多用。利用计算机软件进行建筑的光、热、风等性能分析由来已久，但是这些软件间模型的不通用性导致模型利用率低，出现建筑设计与建筑物理性能化分析脱节等现象。利用 BIM 技术能够建立一个模型，该建筑模型中已经包含了大量的设计信息，只需将相应的信息模型导入相关的性能化分析软件，就能够得到相应的结构，实现一模多用，缩短了性能化分析周期，提高了设计质量。

(5) 净高控制，碰撞检查。随着建筑规模和使用功能复杂程度的增大，净高的控制往往难以在二维图纸上直观反映，利用 BIM 技术，通过搭建各个专业的 BIM 模型，各专业工程师能够在虚拟的三维环境下发现设计冲突，从而提高管线综合的设计能力和工作效率，显著减少变更申请次数，提高生产效率，降低了各专业不协调造成的成本增长。

(三) BIM 技术在施工阶段的具体应用目标

BIM 技术在施工阶段的具体应用目标包括：

(1) 方案比对，寻求最优。在进行施工方案的论证阶段，项目施工企业可以利用 BIM 来评估施工方案的布局、安全性及规范的遵守情况，迅速分析施工中可能出现的问题。借助 BIM 提供低成本的不同三维施工场地布置方案，减少项目投资方决策时间，从而缩短施工周期，获得最大化利益。

(2) 管线综合，减少返工。BIM 最直观的特点是三维可视化，利用 BIM 的三维技术在前期可以进行碰撞检查，优化工程设计，减少建筑施工阶段可能存在的错误损失和返工，而且优化净空和管线排布方案，最后施工人员可以利用碰撞优化后的三维管线方案进行施工交底和施工模拟，提高施工质量，同时提高了与业主沟通的能力。

(3) 施工图深化，参数检测。基于 BIM 模型生成高质量的设计施工图纸，是 BIM 技术在项目设计阶段的应用价值，为后续的高质量施工、监理和运营维护奠定基础。在建立 BIM 模型过程中输入了许多设备参考信息，包括构件、设备、管线的材质、型号、安装高度、安装方式等，因此有别于利用二维平面的施工图深化，无须从设计说明、设备手册等文件资料中寻找所需要的信息。

(4) 虚拟施工，有效协同。三维可视化功能再加上时间维度，可以进行虚拟施工。随时随地直观快速地将施工计划与实际进展进行对比，同时进行有效协同，施工方、监理方甚至非工程行业出身的业主领导都对工程项目的各种问题和情况了如指掌。这样通过 BIM 技术结合施工方案、施工模拟和现场视频监测，大幅度减少建筑质量问题、安全问题，减少返工和整改。

(5) 虚拟呈现，宣传展示。三维渲染动画，给人以真实感和直接的视觉冲击。建好的 BIM 模型可以作为二次渲染开发的模型基础，大幅度提高了三维渲染效果的精度与效率，可以给业主提供更为直观的宣传介绍，也可以进一步为房地产公司开发出虚拟样板间等延伸应用。

(6) 快速算量，提升精度。创建 BIM 数据库，通过建立 5D 关联数据库，可以准确快速地计算工程量，提升施工预算的精度与效率。由于 BIM 数据库的信息粒度达到构件级，可以快速提供支撑项目各条线管理所需的数据信息，有效提升施工管理效率。BIM 技术还能自动计算工程实物量，这个属于较传统的算量软件的功能，在国内的应用案例非常多。

（7）数据调用，支持决策。BIM 数据库中的数据具有可计量的特点，大量工程相关的信息可以为工程提供数据后台的巨大支撑。BIM 中的项目基础数据可以在各管理部门进行协同和共享，工程量信息可以根据时空维度、构件类型等进行汇总、拆分、对比分析等，保证工程基础数据及时、准确地得到提供，为决策者进行工程造价项目群管理、进度款管理等方面的决策提供依据。

（8）精确计划，减少浪费。企业很难实现精细化管理的根本原因是存在海量的工程数据，企业无法快速准确地获取以支持资源计划，致使经验主义盛行。而 BIM 的出现可以使相关管理条线快速准确地获得工程基础数据，为企业制订精确的“人材机”计划提供有效支撑，大幅度减少资源、物流和仓储环节的浪费，为实现限额领料和消耗控制提供了技术支撑。

项目团队应详细讨论每项 BIM 应用目标的可能性，确定是否适合项目和团队特点，并均衡考虑额外项目风险和投入成本。清晰认识和理解模型信息用途，根据项目特点，列表分析每项 BIM 应用在该项目的重要性等级、完成该应用的前期准备工作、资料收集工作、模型精度要求、需要使用何种软件来完成该工作，从而在前期规划好，将信息提交给项目建模人员，避免建模信息的缺失。表 2-1 列出了某施工项目 BIM 应用目标、前期资料准备工作等信息，可供参考。

表 2-1　BIM 应用目标及价值分析表

BIM 应用目标	重要性	前期准备工作	软件选择
施工图深化，参数检测	高	各专业模型建立、整合模型精度达到 LOD300，标高合理，与 2D 图纸一致，专业间协调	Revit，Navisworks
虚拟呈现，宣传展示	低	各专业模型建立、整合需具备基本轮廓，建立场地模型	SketchUp，Revit，Navisworks，3Dmax
方案对比，优化设计	中	建立多个任务信息模型，需 BIM 工作室直接与相关工种负责人沟通，进行模型比选，确定最优方案	Revit
精确计划，减少浪费			

（四）BIM 技术在施工阶段的总体部署

施工阶段 BIM 总体实施步骤如图 2-5 所示。

（五）专业信息模型应用清单

（1）在建筑信息模型基础上，各专业应完成深化设计工作，并配合完成专业信息模型的搭建和施工过程管理。

（2）专业信息模型具体可根据 BIM 应用目标及价值分析确定，应做到与施工过程中的生产管理、技术管理、成本管理紧密结合。在确定应用点后，应明确该应用点的涉及专业，

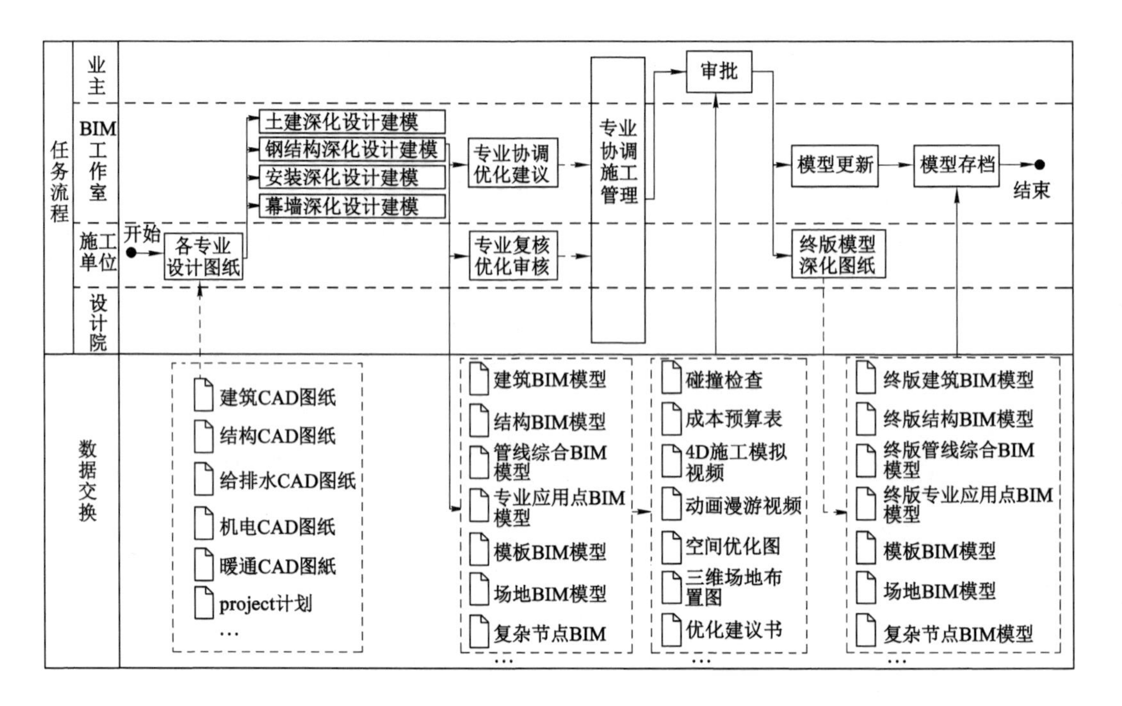

图 2-5　施工阶段 BIM 总体实施步骤

并将该应用点的实施指定唯一负责人，某项目的具体应用点示意见表 2-2。

表 2-2　BIM 应用清单

管理内容	应用点	具体应用效果
技术管理	碰撞检查	在项目开工前预先消除碰撞，避免在施工阶段返工
	钢结构深化设计	把需要现场安装的钢结构进行分解，形成加工尺寸图，精确定位每个螺栓，减少方案变更，实现虚拟预拼装
	管线综合深化设计	机电综合专业管线排布，实现结构精确预留洞口，精准度高，失误率低
	砌体工程深化设计	利用 BIM 技术实现自动化排砖图纸的深化，使其快捷指导施工，实现可视化方案交底
	复杂部位技术交底	在施工过程中，提供基于模型的可视化交流服务，协助总分包单位熟悉复杂部位施工流程及施工完成效果
安全管理	办公与生活临时设施管理	统筹安排各分包方所需的办公与生活临时设施
	施工平面布置与绿色施工	解决现场施工场地平面布置问题，解决现场场地划分问题，按安全文明施工方案的要求进行修整和装饰
	施工工作面协调	进行施工工序与工作面协调，关注复杂区域的深化设计及大型设备和构件就位协调工作，避免各工序之间的碰撞问题
	安全防护设施布置	在施工平面整体布置的基础上，对安全通道口、楼梯口、预留洞口和临边安全防护进行布置

表 2-2(续)

管理内容	应用点	具体应用效果
进度管理	进度计划	进度计划的制订是实现建设项目施工阶段工程进度、人力、材料、设备、成本和场地布置管理的基础
	进度控制	在施工过程中可以随时更新模型,使管理人员通过模型快速了解项目进展,对下一步工作进行部署,为项目进度管理带来很大便利
预制加工管理	工厂化预拼装	利用 BIM 三维建模、准确下料,实现构件工厂化预拼装
	二维码追溯	利用二维码读取设备,对设备和材料进行清点

第三章　BIM 技术管理

第一节　设计阶段的技术管理

一、BIM 多专业协同设计

(1) BIM 多专业协同设计内容包括使用 BIM 模型技术分别建立建筑、结构及设备模型，并根据工程需要分别录入项目信息及构件信息，例如柱截面尺寸、材料等级、项目地点等信息，使用 IFC 标准化格式，分别导入 Phoenics、Ecotect、PKPM 等软件中，进行建筑性能分析和结构分析，并及时调整项目信息，通过项目协同平台反馈给各专业负责人，保证 BIM 模型的及时性和有效性，将无序的设计过程转变为以 BIM 模型为中心的有序设计过程。具体模型与分析软件协同如图 3-1 至图 3-8 所示。

图 3-1　建筑 Revit 模型

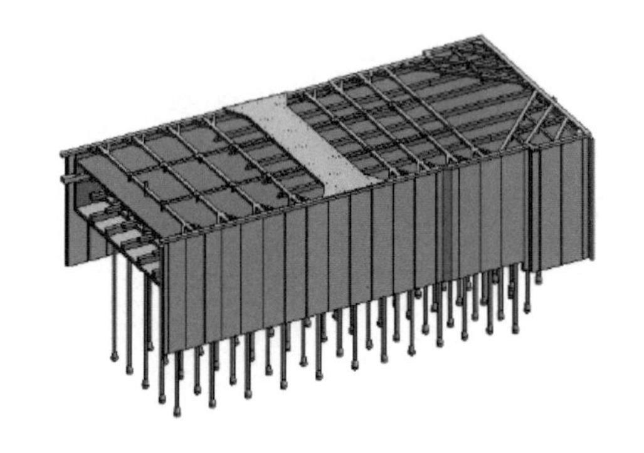

图 3-2　结构 Revit 模型

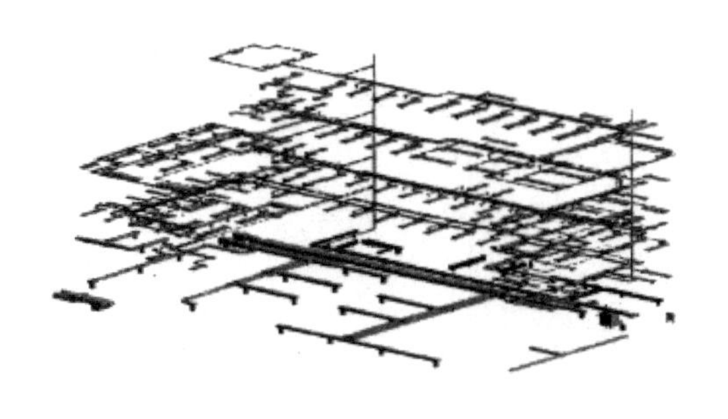

图 3-3　暖通 Revit 模型

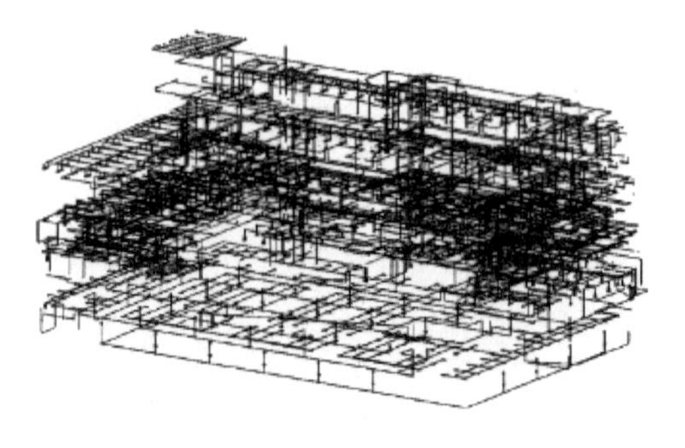

图 3-4　电气 Revit 模型

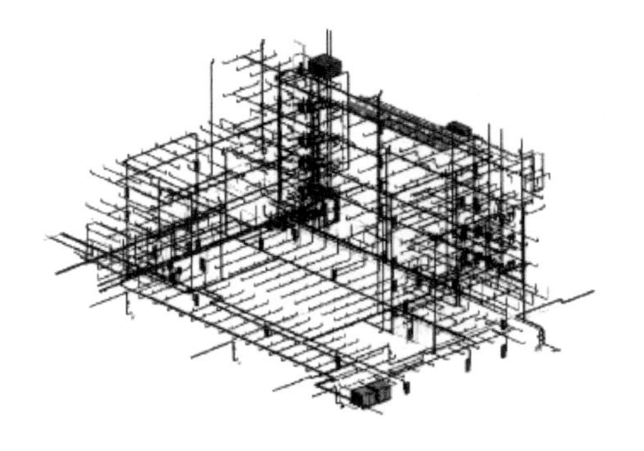

图 3-5　给排水 Revit 模型

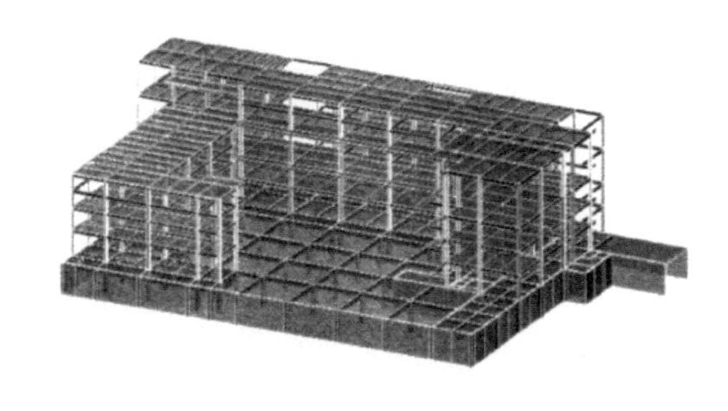

图 3-6　PKPM 模型

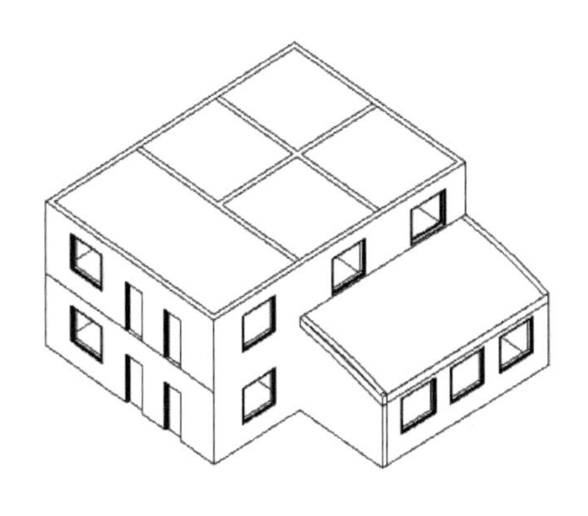

图 3-7　Phoenics 模型

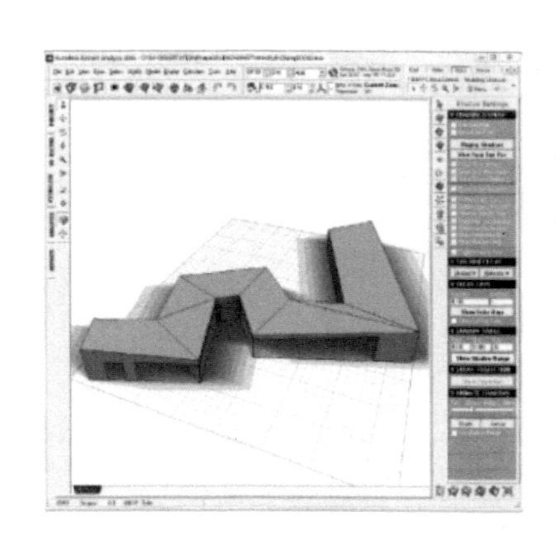

图 3-8　Ecotect 模型

(2) BIM 多专业协同设计基本流程：设计院根据设计需要建立 BIM 模型，录入相关工程信息，自查模型准确性。通过 Revit 的设计协同模块，当各专业调整模型时，应及时将调整信息发给相关专业负责人，便于负责人进行模型修改。

二、基于 BIM 的绿色建筑性能分析

(1) 基于 BIM 的绿色建筑性能分析内容包括日照分析、采光分析及室内外风环境分析等，此部分主要由建筑专业完成。首先，利用 Revit 自带的日照分析模块，在建筑模型中对建筑屋顶的太阳辐射量进行分析，确定遮阳措施和太阳能板的最佳位置。用 Revit 自带工具分析建筑阴影对周围环境的影响，确定最佳体量。同时，将 Revit 模型以 dxf 格式、IFC 格式导出，这些格式广泛适用于 Phoenics 和 Ecotect 等软件，从而进行采光分析、室内外风环境分析等。

(2) 基于 BIM 的绿色建筑性能分析基本流程：建筑专业完成初步设计建模后，由建筑专业负责人根据工程需要进行建筑性能分析，并根据分析结果进行模型修改，直至模型符合建筑性能分析要求。模型应通过变更方式反馈给其他专业负责人，保证各专业模型的及时更新。建议包含的建筑性能分析包括日照分析、采光分析及室内外风环境分析，如图 3-9 所示。

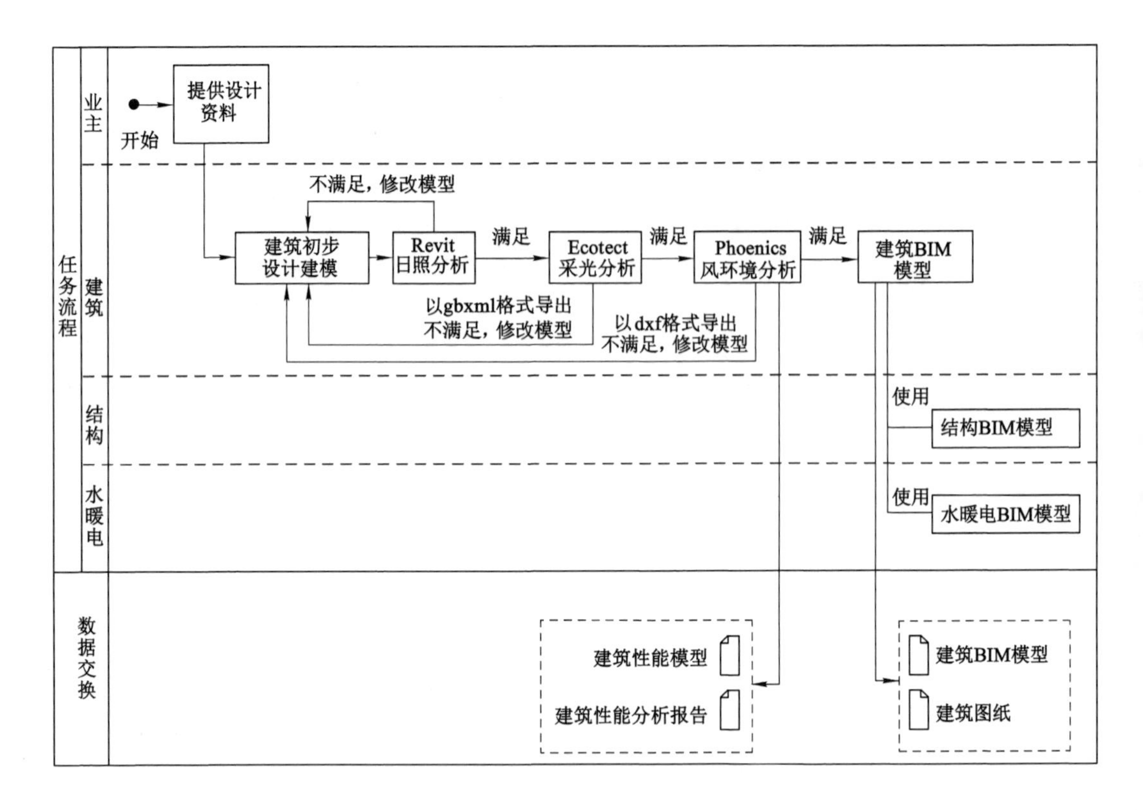

图 3-9　绿色建筑性能分析实施步骤

三、基于 BIM 的结构分析与参数化设计

(1) 目前我国结构设计多使用 PKPM 软件，但是由于暂时没有有效手段使 PKPM 与 Revit 模型互导，因此结构分析仍然需要单独建立模型进行计算，但是完成计算后的结构 BIM 模型及图纸经结构工程师手动翻模后，可存储于 Revit 软件中，并通过该软件进行统一管理，实现 BIM 多专业协同工作。基于 BIM 的结构分析与参数化设计内容包括：利用建筑 BIM 模型进行建筑提资工作，结构工程师进行 PKPM 计算分析，并导出计算书。模型完成后，利用 Revit 软件进行三维模型绘制，进行结构提资，并形成二维平面图纸。同时对于装配式建筑，可利用 Revit 创建参数化族库，实现结构的参数化设计。

(2) 基于 BIM 的结构分析与参数化设计基本流程：

① 结构专业根据建筑专业 BIM 模型建立结构 BIM 模型，建立 PKPM 计算模型进行计算，根据计算结果调整结构 Revit 模型。模型应通过变更方式反馈给其他专业负责人，保证各专业模型的及时更新。

② 对于可进行参数化设计的装配式建筑结构，首先在 Revit 中建立标准参数化族库，并根据项目内容进行模拟拼装，拼装完成后 Revit 可以自动生成尺寸及数量表、平面图等，交付生产厂家深化设计加工，在施工现场定位拼装。

第二节　施工阶段的技术管理

一、碰撞检查

（一）碰撞检查内容

使用 BIM 模型技术改变传统 CAD 的叠图方式；使用防碰撞检查功能找到项目中管网以及各类构件之间的碰撞之处；通过各专业自查，同时通过链接选项和其他专业进行碰撞检查，从而优化施工图设计方案；为设备及管线预留合理的安装及操作空间，减少占用使用空间。

（二）碰撞检查基本流程

（1）BIM 工作室根据各专业设计图纸分别建立模型，并在各自专业内分别运行碰撞检查，如发现有碰撞将会显示报告信息，将报告信息导出，提交计划协调部，由计划协调部提交总包方相关部门，总包方相关部门负责与设计院沟通修改，并反馈给 BIM 工作室进行模型更新，直至消除专业内部碰撞。

（2）连接各个专业模型，开始专业之间的碰撞检查，如发现有碰撞将显示报告信息，将报告信息导出，提交计划协调部，由计划协调部提交总包方相关部门，总包方相关部门与分包方协调商讨解决方案，并将解决方案提交设计院及业主审核，总包方负责与设计院沟通修改，并反馈给 BIM 工作室进行模型更新，直至消除专业间碰撞，如图 3-10 所示。

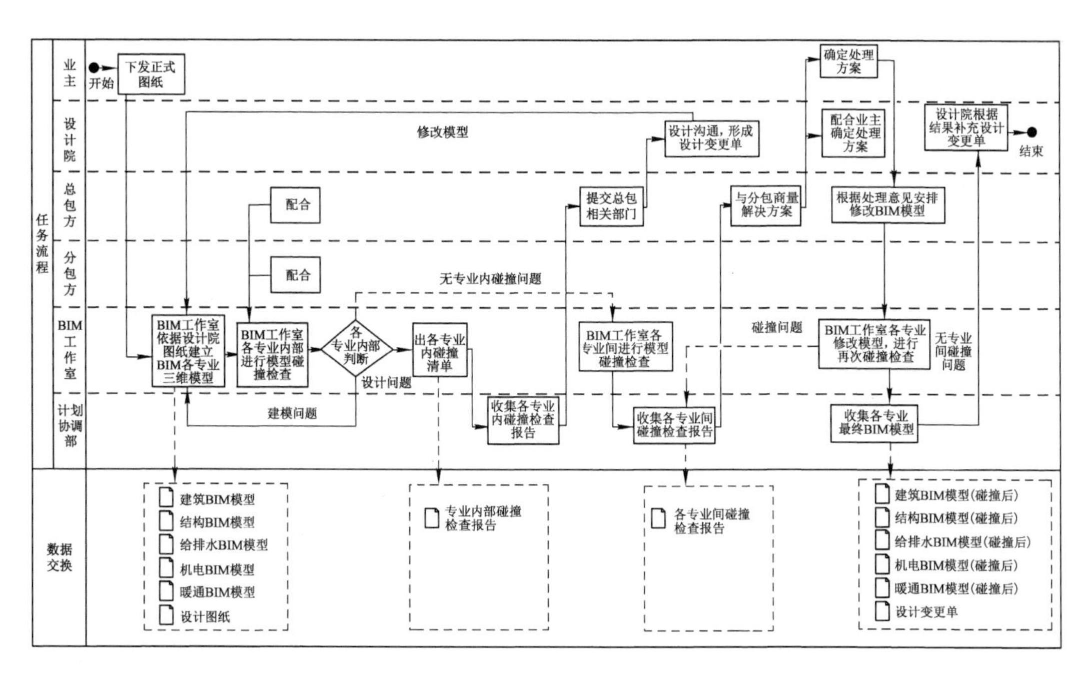

图 3-10　碰撞检查实施步骤

二、钢结构深化设计

（1）钢结构深化设计内容主要为使用 Tekla Structures 真实模拟，进行钢结构深化设计，如图 3-11 所示。通过软件自带功能将所有加工详图（包括布置图、构件图、零件图等）利用三维视图原理进行投影、剖面生成深化图纸，图纸上的所有尺寸（包括杆件长度、断面尺寸、杆件相交角度）都是在杆件模型上直接投影产生的，通过深化设计产生的加工数据清单，直接导入精密数控加工设备进行加工，保证构件加工的精密性和安装精度。同时进行钢结构节点深化设计，保证节点施工安全合理。

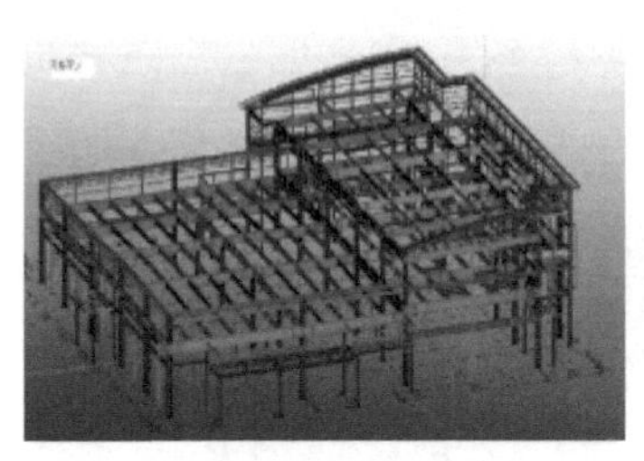

(a) 钢结构Tekla三维模型

(b) 门厅钢结构Tekla三维模型

图 3-11　钢结构深化设计模型

（2）钢结构深化设计三维模型的主要内容见表 3-1。

表 3-1　钢结构深化设计三维模型的主要内容

模型内容	模型信息	备注
轴线	结构定位信息	几何信息
结构层数、高度	结构基本信息	
结构分段、分节	结构分段、分节位置和标高	
混凝土结构：主要框架柱、梁、剪力墙布置等	钢结构辅助定位信息	
钢结构零、构件模型	具体结构批次的所有零、构件模型	
结构批次	项目结构批次信息，通过构件状态信息进行区分	附加信息
钢结构零、构件清单	具体结构批次的所有零、构件详细清单，包含零件号、构件号、材质、数量、表面积等	

（3）钢结构深化设计基本流程如图 3-12 所示。

① 由钢结构分包单位编制钢结构深化设计方案并组织开展深化设计工作。

② 建设方、监理、设计院、总承包单位等进行方案会审。

③ 钢结构分包单位提交最终方案给 BIM 工作室，由 BIM 工作室负责完成深化设计模型。

④ 总承包单位及设计院进行复核。

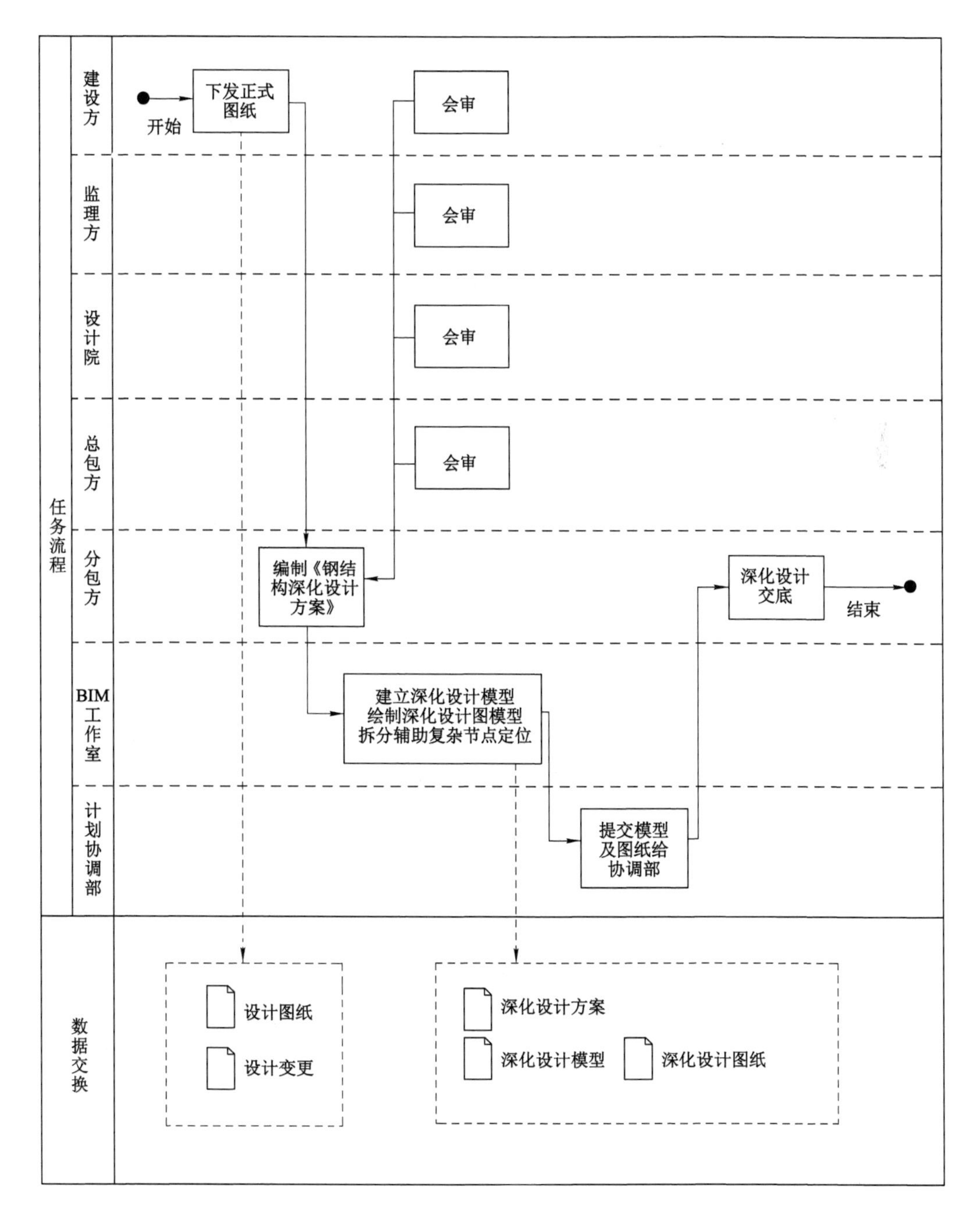

图 3-12　钢结构深化设计基本流程

⑤ 符合要求后下发审批图纸。

三、管线综合深化设计

(1) 管线综合深化设计应在碰撞检查基础上完成，具体内容包括机电穿结构预留洞口深化设计、综合空间优化、公用支吊架设计等。

（2）管线综合深化设计三维模型应包括的主要内容见表 3-2。

表 3-2　管线综合深化设计三维模型应包括的主要内容

模型内容	模型信息	备注
大型设备	基本形状，准确尺寸	几何信息
水管管道（给排水、消防）	管道首端至末端的标高、坡度	
水管管件（弯头、三通）	近似形状	
水管附件（阀门、过滤器、清扫口）	近似形状	
计量仪表、喷头	近似形状	
设备基础	基本形状，准确尺寸	
技术信息	材料和材质信息、施工方式、设备采购信息	附加信息
维保信息	使用年限、保修年限、维保单位	
暖通专业		
大型设备	基本形状，准确尺寸	几何信息
暖通风管、水管	管道首端至末端的标高、坡度	
风管管件（风管连接件、三通、四通、过渡件等）	近似形状	
风管末端（风口）水管管件（弯头、三通等）	管道首端至末端近似形状	
水管附件（阀门、过滤器、清扫口）	近似形状	
支吊架	基本形状，准确尺寸	
技术信息	材料和材质信息、施工方式、设备采购信息	附加信息
维保信息	使用年限、保修年限、维保单位	
电气专业		
大型设备/电箱	基本形状，准确尺寸	几何信息
电气桥架、线槽、母线等	桥架等有准确标高	
支吊架、设备基础	基本形状，准确尺寸	
照明设备、灯具	示意位置	
开关/插座	示意位置	
报警设备	示意位置	
技术信息	材料和材质信息、施工方式、设备采购信息	附加信息
维保信息	使用年限、保修年限、维保单位	

（3）管线综合深化设计基本流程如图 3-13 所示。

① 设计院根据碰撞结果补充设计变更单。

② 分包方联系设备厂家确定设备型号、尺寸等。

③ BIM 工作室在碰撞检查基础上进行管线尺寸确定、空间位置确定、绘制机房安装大样、结构预留洞口设计、管线综合剖面图绘制、公用支吊架设计等，并将结果提交计划协调部。

④ 总承包单位进行审核，通过后为各分包单位下发深化图纸，并完成交底工作。

⑤ BIM 工作室进行机电专业工程量统计。

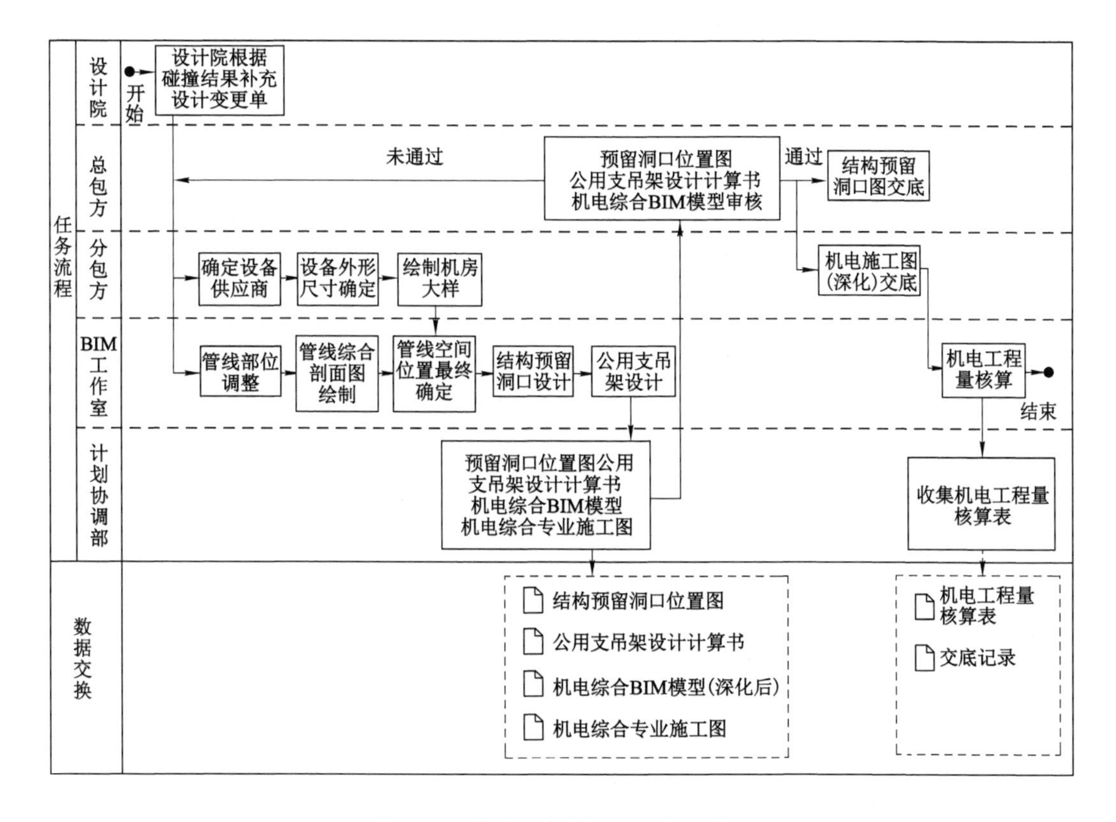

图 3-13　管线综合深化设计基本流程

四、砌体工程深化设计

(1) 砌体工程深化设计内容是利用 BIM 技术实现自动排砖图纸的深化。在依照相应规范深化完成后，电脑对每一层的砌体量进行准确统计，快速准确提取砌体总量以及单层用量，提取每一层具体部位的使用数量，自动形成备料单。现场工程师对每一层砌体量的预估，杜绝因为估量不准确而引起的二次倒料问题。

(2) 砌体工程深化设计基本流程如图 3-14 所示。

① BIM 工作室将 Revit 结构模型以 IFC 格式导出。

② 利用广联达 BIM5D 导入 IFC 格式结构模型。

③ 在广联达 BIM5D 中进行自动排砖，并将结果提交计划协调部。

④ 总承包单位进行审核，并完成交底工作。

⑤ BIM 工作室进行砖数量统计。

五、复杂部位技术交底

(1) 复杂部位技术交底内容包括通过 BIM 技术指导编制专项施工方案，直观地对钢结构节点复杂工序进行分析，对节点板及螺栓进行精确定位，对关键的复杂的劲性钢结构与钢筋的节点进行放样分析，解决钢筋绑扎、顺序问题，指导现场钢筋绑扎施工。将复杂部位简单化、透明化，提前模拟方案编制后的现场施工状态，对现场可能存在的危险源、安全隐

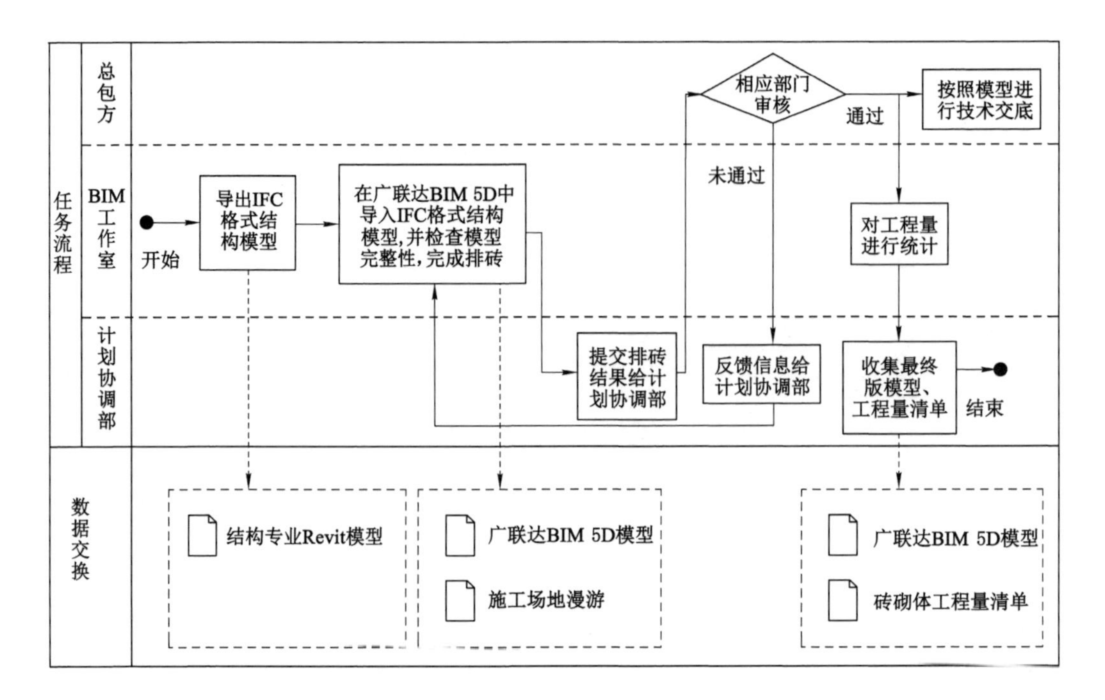

图 3-14 砌体工程深化设计基本流程

患、消防隐患等提前排查,对专项方案的施工工序进行合理排布。

(2) 复杂部位技术交底模型应达到施工深化设计水平,包括的主要内容见表 3-3。

表 3-3 复杂部位技术交底模型主要内容

序号	模型信息	备注
1	几何尺寸	几何信息
2	定位信息	
3	详细配筋模型	
4	各部分之间的连接方式	
5	其他需要的非几何信息	附加信息

(3) 复杂部位技术交底基本流程如图 3-15 所示。

① 总包方、分包方相关技术部门编制各自的技术交底方案。

② BIM 工作室根据方案建立技术交底模型及关键部位施工工艺动画,完成后提交计划协调部。

③ 计划协调部将方案、模型、动画整理后提交总工审批。

④ 通过后组织各方召开技术交底会议。

⑤ 由总包方下发技术交底方案。

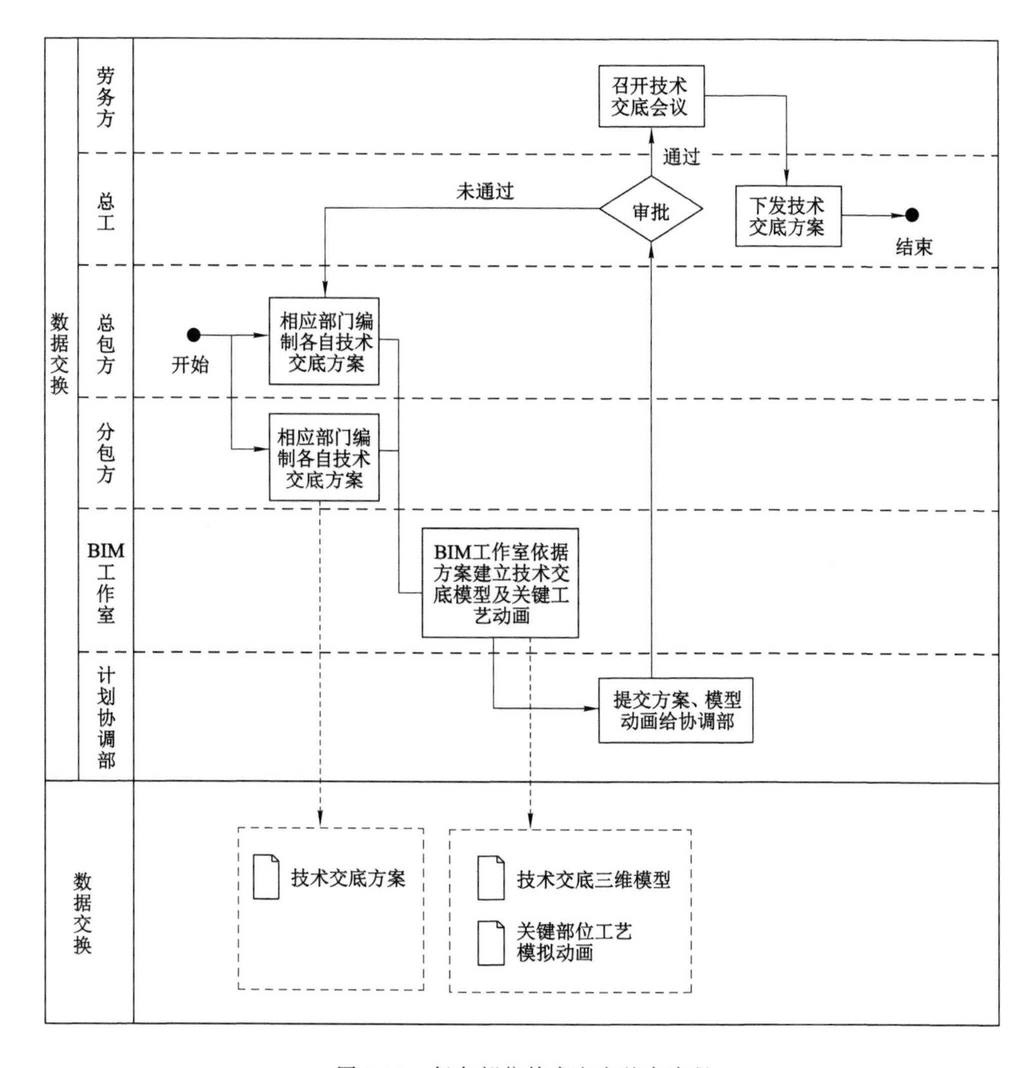

图 3-15　复杂部位技术交底基本流程

第三节　施工阶段的安全管理

一、办公与生活临时设施管理

(1) 办公与生活临时设施管理内容主要为统筹安排各分包方所需的办公与生活临时设施，包括办公室、宿舍、食堂等。

(2) 办公与生活临时设施管理实施步骤如下：

① 为了满足公共与生活临时设施布置、调整及优化便捷准确的要求，项目前期需要依据集团标准，完善常用的办公与生活临时设施模型族库，见表 3-4。完成后可保存在文件夹中以便以后随时调用。

表 3-4　办公与生活临时设施模型族库

序号	类别	模型名称	参数要求
1	办公楼	单层办公楼	办公室个数及尺寸可以调整
2		双层办公楼	
3	门牌	办公室	门牌大小、材质、文字可以调整
4		会议室	
5		卫生间	
6		BIM 工作室	
7		资料室	
8	宿舍	单层宿舍	宿舍个数及尺寸可以调整
9		双层宿舍	
10	食堂	食堂	食堂尺寸可以调整

② 总包方现场施工人员利用施工图纸绘制办公与生活临时设施平面布置图,并将二维图纸及时提供给 BIM 工作室,BIM 工作室应与现场施工人员沟通,依据项目需求,利用 BIM 技术对办公区和生活区进行初步规划,确定最优方案进行现场布置。

③ 模型完成后提供给计划协调部,分包进场时由计划协调部及时与分包方沟通,提出使用申请,并提交总包方相应部门审核,由项目经理审批。

④ 审批后,计划协调部结合建好的布置模型可快速对其作出合理安排以及相应调整,如图 3-16 所示。

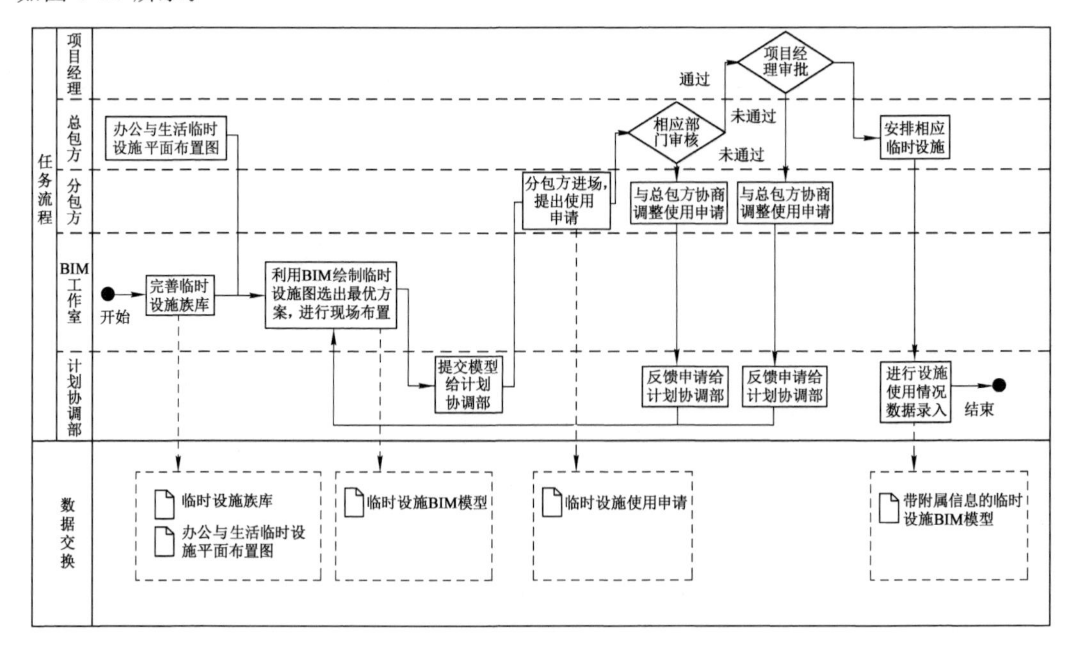

图 3-16　办公与生活临时设施管理基本流程

⑤ 为快捷地对办公室及宿舍等设施进行统筹管理，随时对办公与宿舍等设施使用情况进行查询，计划协调部应根据使用情况在 BIM 模型中进行标识，见表 3-5。

表 3-5　设施使用情况标识

使用状态	颜色	附加信息
未使用	绿色	可使用人数
已使用且人数已满	红色	已使用人数
已使用且人数未满	橙色	已使用人数，还可以使用人数

二、施工平面布置

（1）施工平面布置内容包括施工现场主要出入口、临时施工道路、材料堆场、大型机械占位等的布置。总包方应对布置方案进行评估对比，确定最优方案，完成工地整体布局三维模拟，解决现场施工场地平面布置和现场场地划分问题，按安全文明施工方案的要求进行修整和装饰：临时施工用水、用电、道路按施工要求完成（需机电暖通专业配合）；为了使现场场地使用合理，施工平面布置应有条理，尽量少占用施工用地，使平面布置紧凑合理，同时做到场容整齐清洁，道路畅通，符合安全及文明施工的要求。施工过程中避免多个工种在同一场地、同一区域内同时施工而相互牵制和相互干扰。

（2）施工平面布置与绿色施工实施步骤：

① 为了满足施工平面布置要求并且使调整优化便捷准确，项目前期需要依据集团标识，完善常用的施工设备及设施模型族库，见表 3-6。完成后可保存在文件夹中以便之后随时调用。

表 3-6　施工设备及设施模型族库

类别	模型名称	参数要求
起重机	锤头塔式起重机	标定起重力矩、工作幅度、最大起重量、起升高度等
	平头塔式起重机	
	动壁塔式起重机	
混凝土机械	混凝土搅拌车	几何容积、搅动容积、填充率、搅拌筒倾角
	混凝土布料机	最大布料半径、独立高度、臂架回转角度、整机重量
垂直运输机械	双笼施工电梯	额定载重量、额定提升速度、最大提升高度、空间尺寸、电源功率、标准节重量
	单笼施工电梯	
大门	门楼式大门	大门尺寸
围墙	围墙	围墙外形尺寸
附属设施	喷淋、路灯、安全栏杆	具备基本外形尺寸

表 3-6(续)

类别	模型名称	参数要求
配电设施	一级配电箱	具备基本外形尺寸
	二级配电箱	
	配电房	
	变压器房	
CI 形象	品牌布等	具备基本外形尺寸
消防设施	消火栓	具备基本外形尺寸
	消防墙	
	灭火器	
加工棚	木工加工棚	具备车间尺寸,参数可调
	钢筋加工棚	

② 总包方现场施工人员利用施工图纸绘制施工平面布置图,并将二维图纸及时提供给 BIM 工作室,BIM 工作室应与现场施工人员沟通,依据项目需求,利用 BIM 软件建立不同施工阶段的施工现场布置模型,模型应包括土建结构、钢结构、施工道路、周围主要建筑外轮廓。

③ 利用 BIM 软件统计各阶段相关工程量,包括钢筋用量、混凝土用量、结构钢用量,对现场的施工材料堆场进行初步规划,如图 3-17 所示。

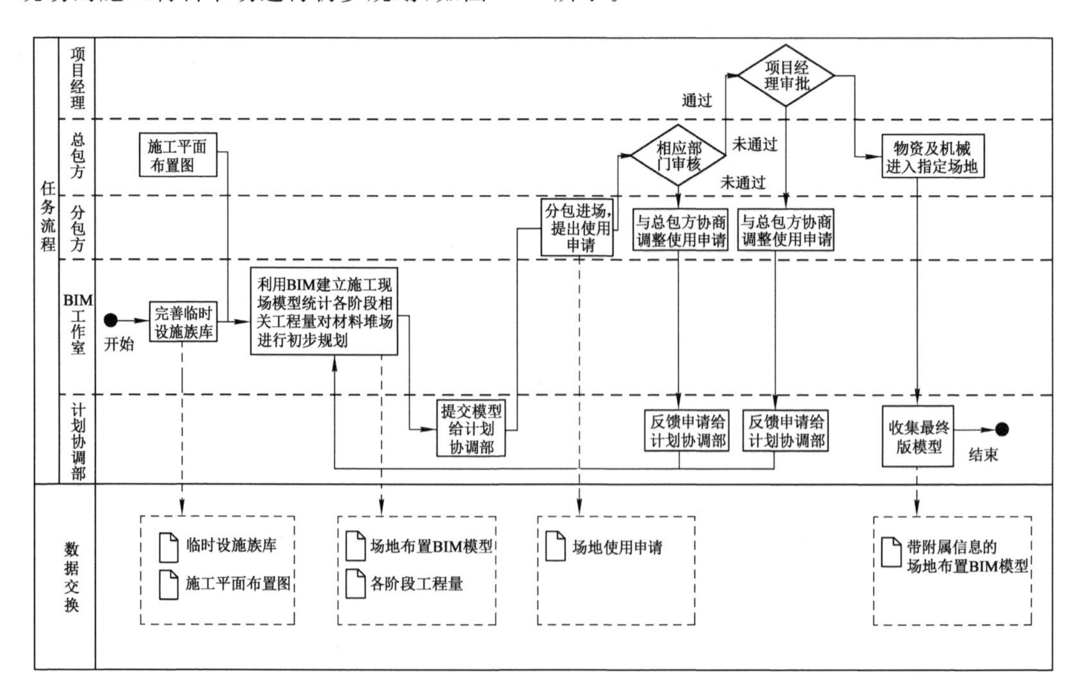

图 3-17　施工平面布置与绿色施工基本流程

④ 在已建立的现场环境中放置相关堆场及施工设备，通过 Navisworks 软件进行施工模拟和对比优化，从而选定设备型号及布置位置，确定最优方案进行现场布置。

⑤ 模型完成后提供给计划协调部，分包方进场时由计划协调部及时与分包方沟通，提出设施使用申请，并提交总包方相应部门审核，由项目经理审批。

⑥ 审批后，分包物资及机械进入指定场地。

⑦ 当分包方有大宗物资及大型机械进场和场地需要超期使用等申请时，计划协调部可以依据布置方案模型进行快速方案模拟，从而制定最合理的方案。

三、施工工作面协调

(1) 施工工作面协调内容包括基于 BIM 的施工工序模拟技术和碰撞检查技术，在保证质量和安全的前提下，兼顾进度、成本及各方利益，进行施工工序与工作面协调，关注复杂区域的深化设计、大型设备和构件就位协调工作，避免各工序之间的碰撞。

(2) 施工工作面协调基本流程如图 3-18 所示。

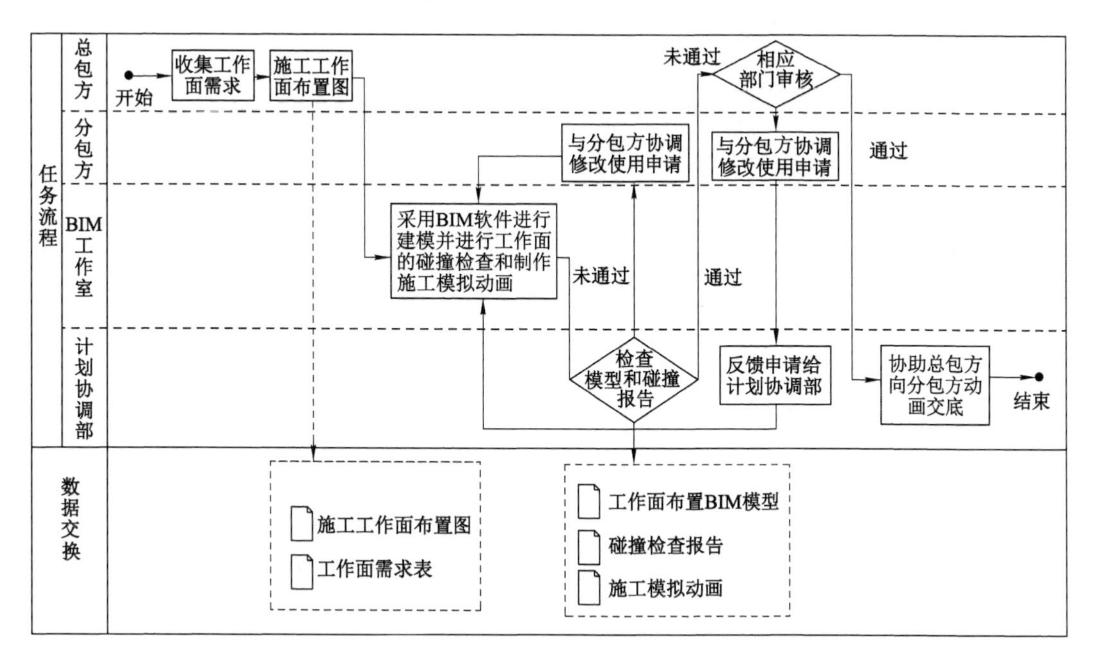

图 3-18　施工工作面协调基本流程

① 总包方提前一周向各分包方收集各施工工序的工作面需求，并统计列表，见表 3-7。

表 3-7　分包方工作面需求统计表

序号	需求方	任务	工作面位置	工序要求	时间段	开始日期	完成日期
1							
2							
⋮							

② 总包相关部门利用该表格工序的工作面需求，按照工序的时间顺序绘制施工工作面布置图，并将二维图纸及时提供给 BIM 工作室，BIM 工作室应与现场施工人员沟通，根据项目需求，利用 BIM 软件建模并进行工作面的碰撞检查。

③ 将模型及碰撞报告及时提交计划协调部，总包方、分包方对各工序时间进行协调，避免工作面碰撞。

④ 计划协调部应及时通知 BIM 工作室进行修改，BIM 工作室利用 Navisworks 软件生成模拟动画，提交计划协调部，并提交总包方相应部门审核。

⑤ 审核后，由计划协调部将各阶段布置方案和动画向相关分包方交底，确保现场工作合理有序进行。

四、安全防护设施布置

(1) 安全防护设施布置内容包括在进行施工平面整体布置的基础上，对安全通道口、楼梯口、预留洞口和临边安全防护进行布置，在楼层临边搭设防护栏杆，安装挡脚板等，如图 3-19 所示。同时，统计栏杆数量，在 BIM 模型中做好检查记录，保证人员通行安全。

(a) 安全通道三维模拟

(b) 安全通道实景照片

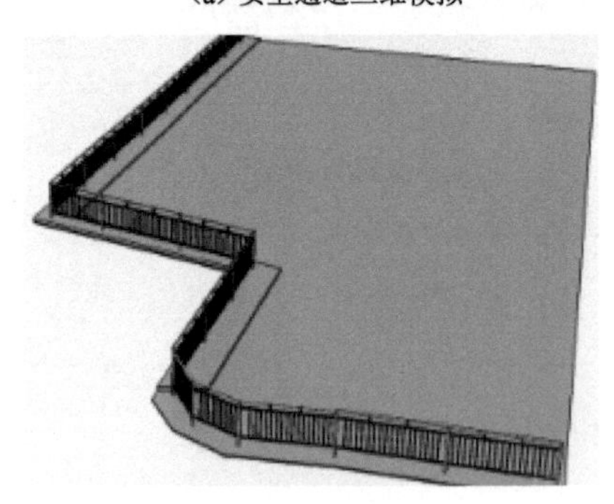

(c) 安全防护栏三维模拟

(d) 安全防护栏实景照片

图 3-19　某项目安全防护设施布置

(2) 安全防护设施布置基本流程，如图 3-20 所示。

① 为了满足安全防护设施布置并且使调整优化便捷准确的要求，项目前期需要根据集团标识完善常用的安全防护族库，见表 3-8。完成后可保存在文件夹中以便之后随时调用。

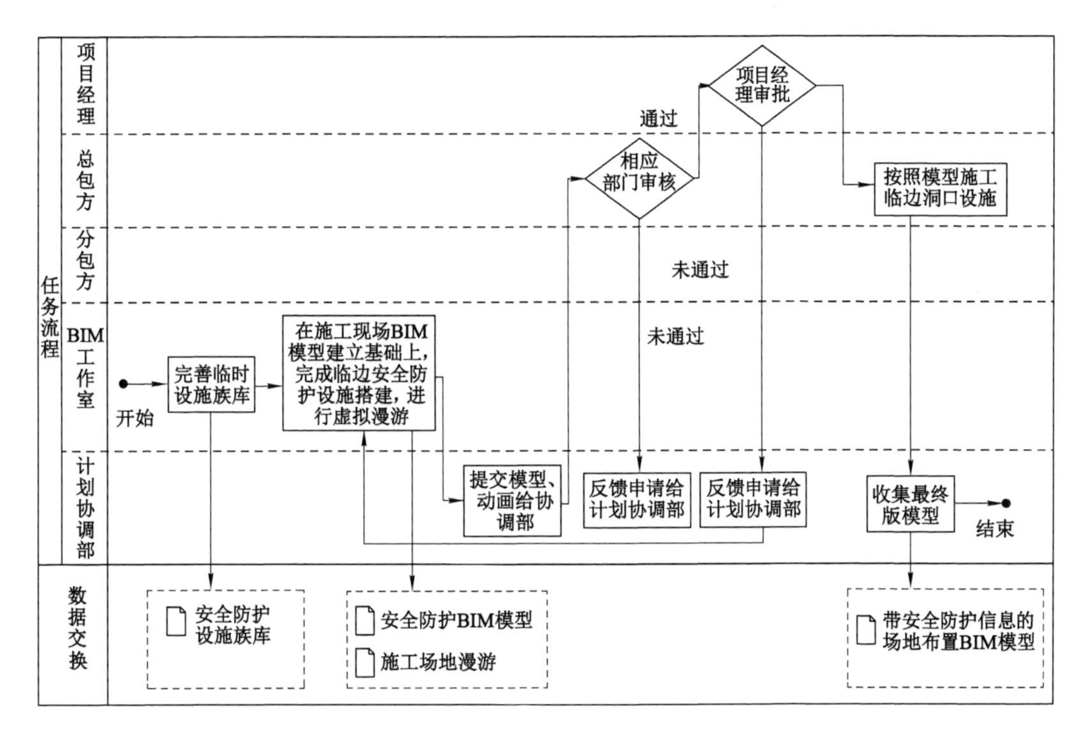

图 3-20　安全防护设施布置基本流程

表 3-8　安全防护设施模型族库

序号	类别	模型名称	参数要求
1	安全防护	安全防护栏	具备尺寸参数可调
		安全防护网	具备尺寸参数可调

② BIM 工作室应与现场施工人员沟通，根据项目需求，利用 BIM 软件，在施工平面布置模型基础上进行细化，完成安全防护设施搭建。

③ 在已建立的现场环境中，通过 Navisworks 软件虚拟漫游，保证所有临边洞口均做好防护措施。

④ 模型及漫游动画完成后提供给计划协调部，并提交总包方相应部门审核，由项目经理审批。

⑤ 审批后，按照模型要求完成临边洞口安全防护设施布置。

第四节　施工阶段的进度管理

一、进度计划

(1) 进度计划实施内容为建立结构专业 BIM 模型，通过结合 Project 或其他项目管理软件编制而成的施工进度计划，直接将 BIM 模型与施工进度计划关联起来，自动生成虚拟建造过程，通过对虚拟建造过程的分析，及时发现施工过程中的问题，合理调整施工进度，得到最优模型，指导现场施工，如图 3-21 所示。进度计划提交应至少比实际施工进度提前一个月完成，便于施工查阅和修改。

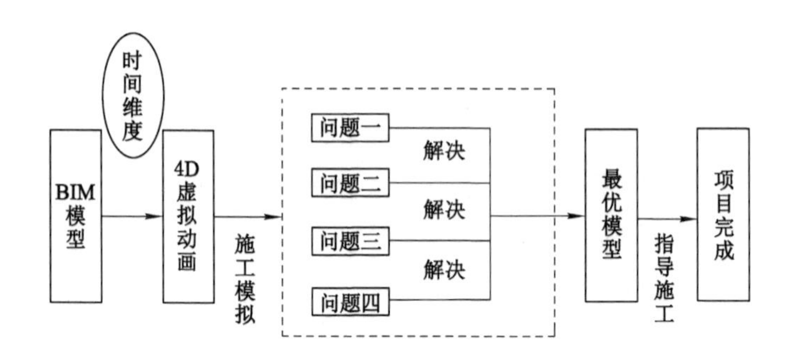

图 3-21　进度计划控制流程

（2）进度计划模拟基本流程如图 3-22 所示。

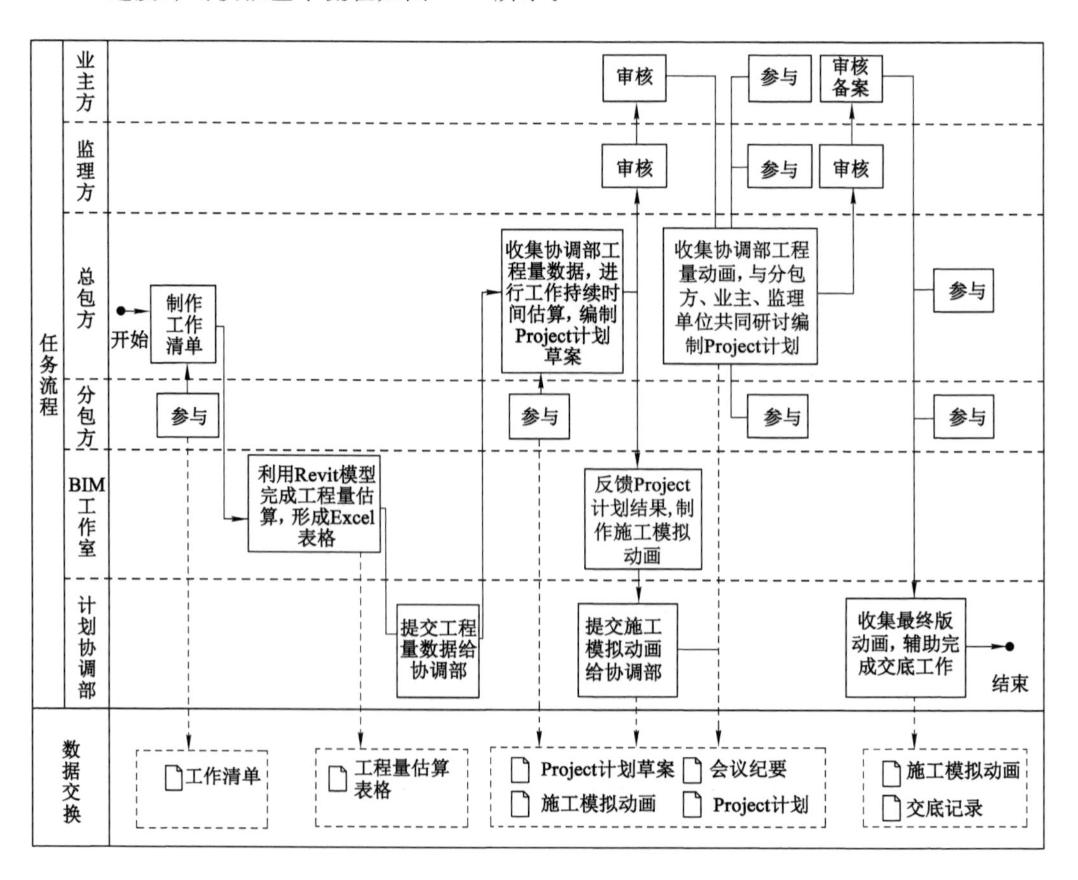

图 3-22　进度计划模拟基本流程

① 总包相关部门编制总进度计划工作清单并提供给 BIM 工作室。

② BIM 工作室依据 Revit 模型导出 Revit 数据至 Excel 表格，对各阶段工作量进行估算，将工程量数据提交计划协调部。

③ 计划协调部提交工程量数据给总包方相关部门，总包方相关部门将数据输入进度计划软件中，设置施工定额，进行工作持续时间估算。编制 Project 计划草案，将结果反馈给 BIM 工作室，并提交监理单位及业主审核。

④ BIM 工作室利用 Navisworks 进行模型与进度计划匹配，制作施工进度模拟，直观检查安排是否合理。

⑤ 利用施工模拟动画及 Project 计划共同进行总进度计划交底，在会议上讨论，达成一致意见，修改总进度计划及施工模拟，形成最终版 Project 计划。

⑥ 总包方相关部门将总进度计划分解，编制阶段进度计划。方法同总进度计划。

⑦ 在进度会议上进行进度计划的协调工作时，利用施工模拟等辅助沟通，快速完成工作面交接。

二、进度控制

(1) 进度计划实施内容为通过 BIM 技术模拟，直观显示计划进度与实际进度的对比，如图 3-23 所示。施工进度模型应在施工完成后一周内及时更改，便于甲方及监理单位查阅模型。

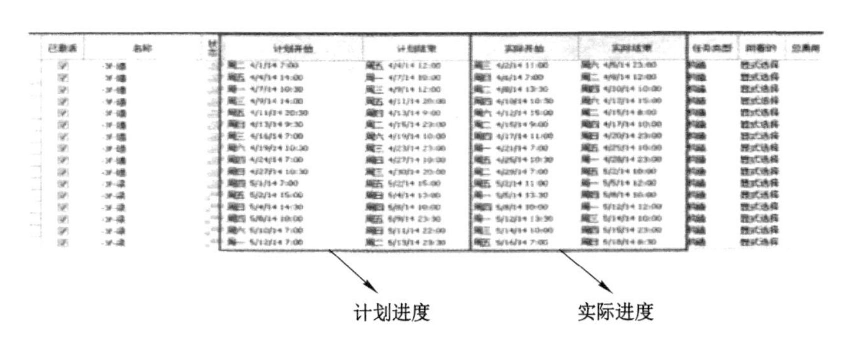

图 3-23　某工程施工进度控制

(2) 进度控制基本流程，如图 3-24 所示。

① 进度计划制订后，在项目实施过程中总包方相关部门应及时对进度计划跟踪，形成施工周报及月报，在进度计划软件中输入进度信息与成本信息。完成后将周报、月报及 Project 计划提交 BIM 工作室。

② BIM 工作室根据总包方提供的数据更新施工进度模拟信息，形成动画展示，提交计划协调部。

③ 计划协调部负责协助总包方进行数据分析与决策，形成数据分析报表。

④ 总包方根据决策结果对进度计划进行调整，形成会议纪要和进度计划，提交监理及业主审核。

⑤ 在进度会议上开展进度计划的协调工作时，利用施工模拟等辅助沟通，快速完成工作面交接。

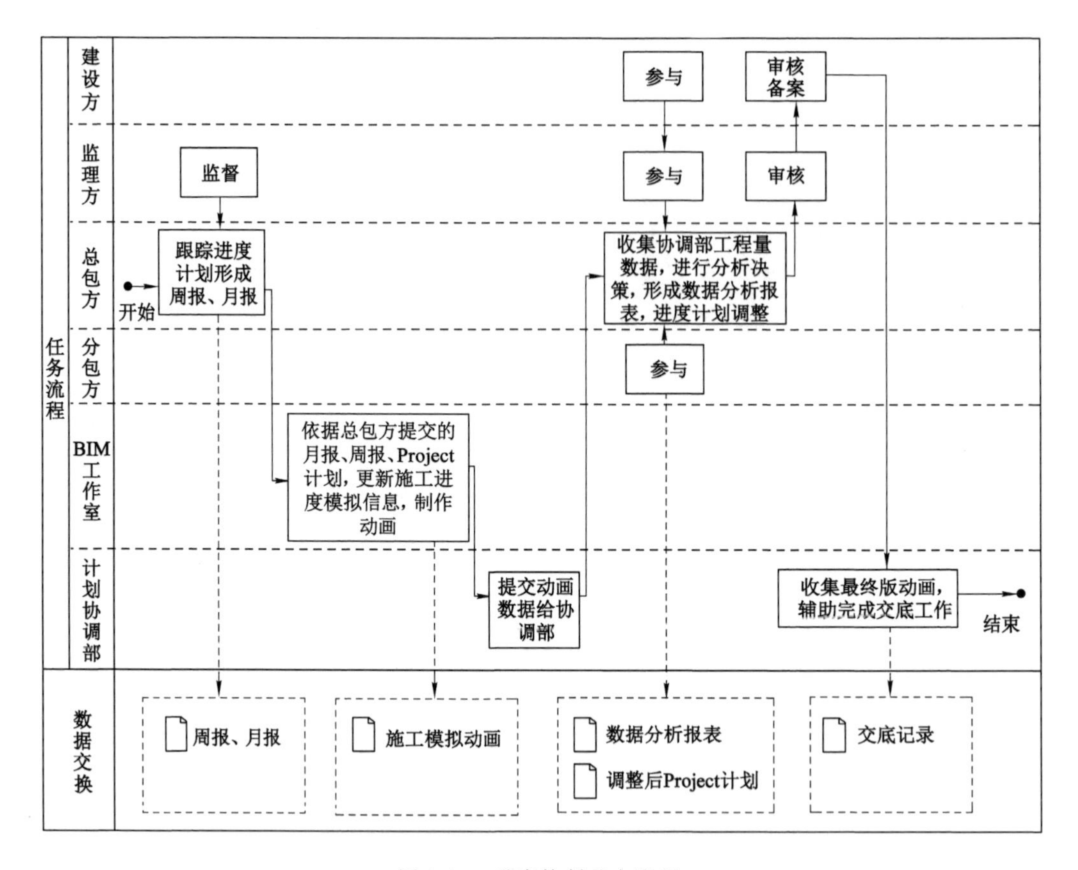

图 3-24　进度控制基本流程

第五节　施工阶段的预制加工管理

一、工厂化预拼装

(1) 工厂化预拼装内容为利用 BIM 建模技术对构件精确定位和精确输出材料用量，出具构件加工详图，交付生产厂家加工，完成工厂化预拼装。

(2) 工厂化预拼装基本流程如图 3-25 所示。

二、二维码追溯及移动终端应用

(1) 二维码追溯及移动终端应用内容包括：

① 设备和材料进场阶段：

a. 利用二维码识别设备，对设备和材料进行清点。

b. 利用物联网直接将设备和材料上的二维码数据录入 BIM 模型，并确保现场物料与模型物料一一对应。

c. 设备进场前将设备和材料的数量、出厂合格证、出厂检测报告等信息、资料和审批记录录入 BIM 软件数据库。

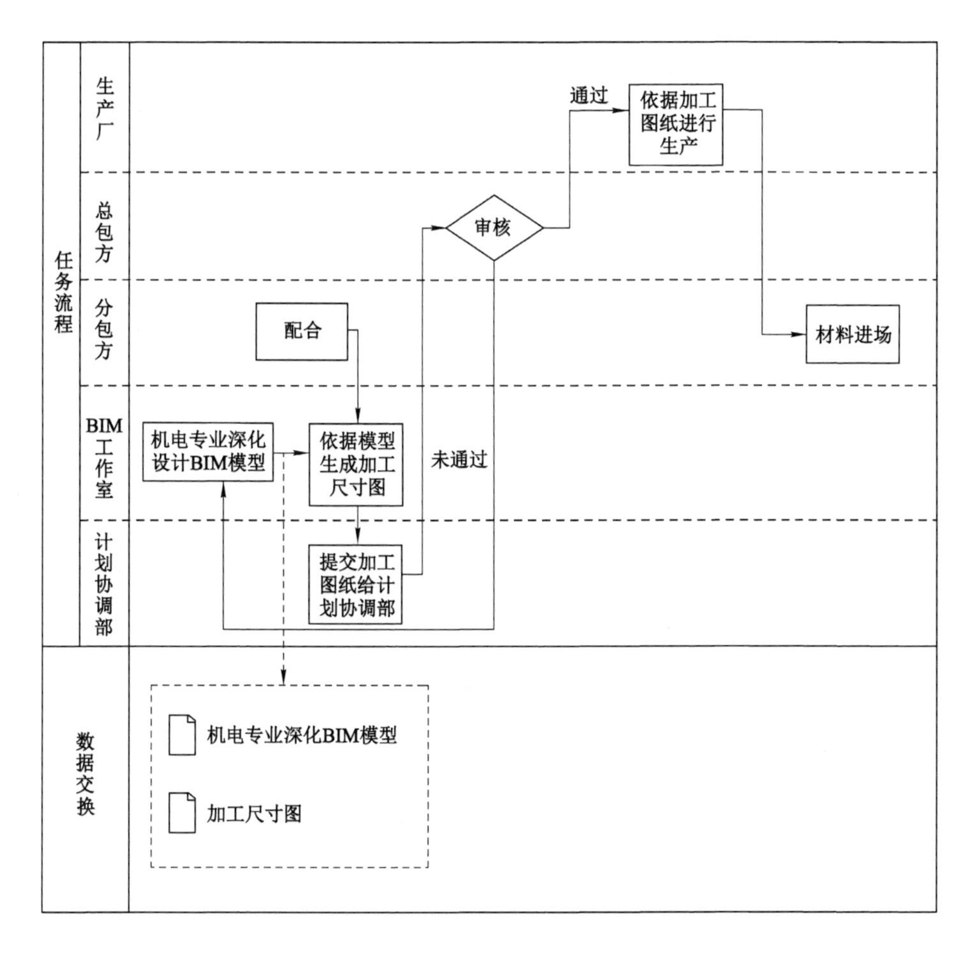

图 3-25　工厂化预拼装基本流程

d. 利用BIM软件，从BIM模型中随时导出材料和设备的进场统计表。

② 施工安装阶段：

a. 对安装完成的各专业设备和材料进行记录。

b. 利用物联网将安装完成的设备和材料上的二维码及相关资料和数据录入BIM模型，确保现场安装物料与模型物料一一对应，如图3-26所示。

c. 利用BIM软件，从BIM模型随时导出材料和设备的安装情况统计表。

③ 施工调试阶段：

a. 对完成单机调试的各专业设备进行记录。

b. 利用物联网将完成单机调试设备上的二维码及相关数据录入BIM模型，并确保现场调试的设备与模型中的设备一一对应。

c. 利用BIM软件，从BIM模型中随时导出材料和设备的调试情况统计表。

(2) 二维码追溯基本流程。如图3-26所示。

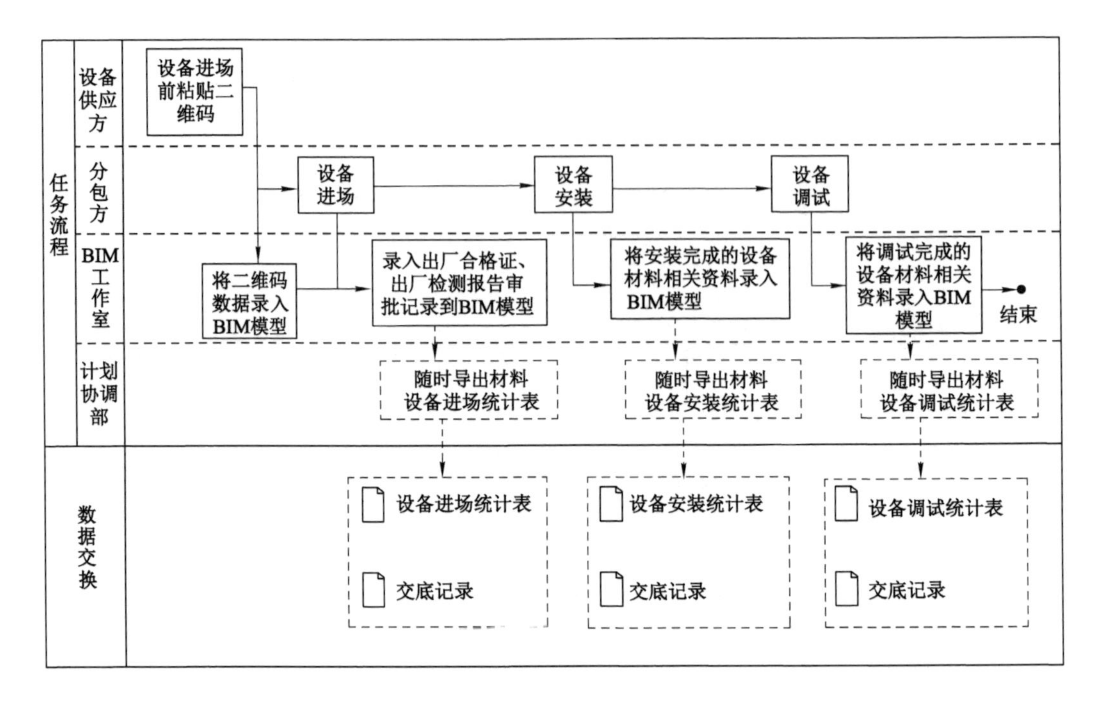

图 3-26 二维码追溯基本流程

第四章　工程案例实践

第一节　项目概况

以铂悦星河综合体为工程案例，其效果图如图 4-1 所示。

图 4-1　铂悦星河综合体效果图

一、铂悦星河综合体概况

铂悦星河综合体概况见表 4-1。

表 4-1　铂悦星河综合体概况

工程概况	内容
项目名称	铂悦星河综合体
建设单位	星河房地产开发有限公司
建筑面积	总建筑面积 122 415.97 m^2
用地性质	商业用地
综合容积率	1.89%
绿地率	15.18%
建筑层数	地上 4 层，地下 1 层
建筑高度	25.25 m
建筑类别	一类
结构形式	钢筋混凝土框架剪力墙结构
总工期	390 天

第二节　BIM 建模

一、Revit 建模软件介绍

Revit 是给建筑工程师提供一个可以创建参数化三维模型的软件。Autodesk Revit 软件可以按照建筑设计师的思考方式进行设计，因此，可以提供更高质量、更精确的建筑设计。强大的建筑设计工具可以帮助设计师和工程师捕捉和分析概念，以及保持从设计到建筑各个阶段的一致性。

随着技术的发展，Revit 软件更新换代，操作变得更便捷，功能变得多种多样，满足不同的任务需求，同时软件界面仿照 Office 的操作界面，借鉴 Office 的工作任务流程，界面布局合理，人性化十足，如图 4-2 所示。下面以 2016 版为例介绍 Revit 软件界面。

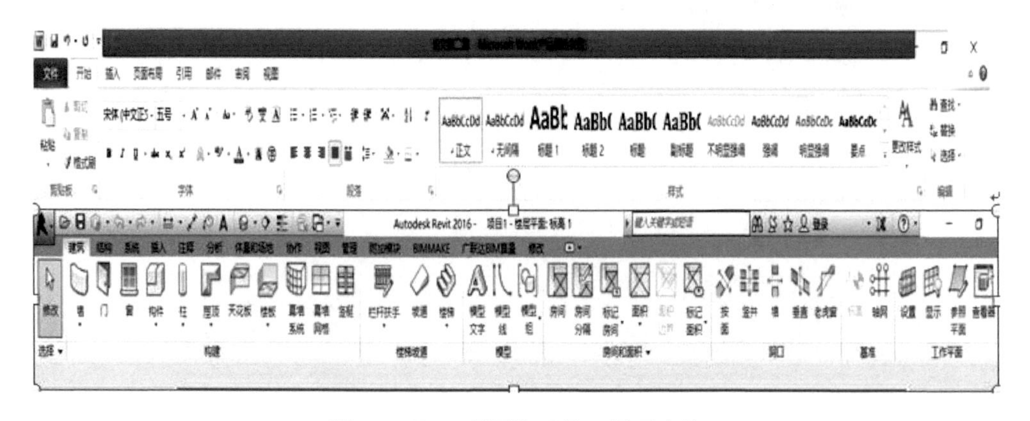

图 4-2　Revit 界面与 Office 界面比较

打开软件，首先看到的是启动界面，如图 4-3 所示。在此页面，可选择创建传统的建筑项目或者创建族。在此页面，Autodesk 公司还放置了供学习的构造样板、建筑样板、结构样板和机械样板。同时在界面中心位置显示使用者最近创建的模型文件，方便使用者快速找到并继续之前的工作。

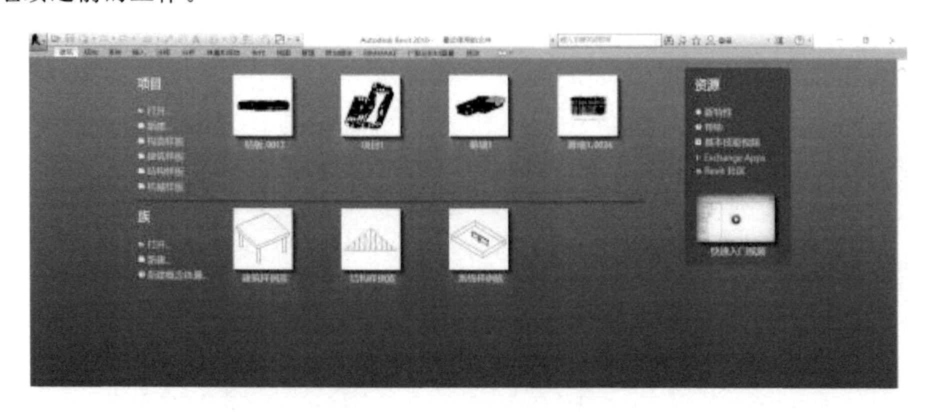

图 4-3　Revit 启动界面

新建项目星河综合体，进入操作界面。界面功能由上到下分别为应用程序菜单、快速访问工具栏、信息中心、功能区、选项栏、属性选项板、项目浏览器、全导航控制盘、视图控制栏等功能。应用程序菜单中有新建、打开、保存、另存为、导出、打印等功能快速访问工具栏，有打开、保存、剖面、尺寸标注、三维视图等功能，也可以对快速访问工具栏中的命令进行添加、删除。项目浏览器有视图选项、楼层平面选项、天花板平面选项、三维视图选项、建筑立面选项、图例、明细表、图纸、群组和 Revit 链接。属性选项板，当选取模型中的任何一个实例，就会显示该实例相关的视图比例、可见性、线框等详细信息。功能区中有常规的复制粘贴功能，还有模型专用的拉伸、融合等功能。

二、BIM 建模

1. Revit 族的收集和创建

Revit 族库就是把大量 Revit 族按照特性、参数等分类归档而成的数据库。软件内部自带的族库即系统族，包含建筑的基本构件(如柱、梁、板、窗户和门等)。同时，可以创建企业内部族库，企业在内建族库中，根据自有数据尺寸创建构件，作为族使用。也可以以下载族文件并载入的形式进行特殊模型的放置。

本项目存在多处特殊构建，例如穹顶式幕墙、旋转式自动门、异形楼梯等，这些 Revit 软件找不到匹配的系统族，所以需要从专业网站下载族或者自己创建族进行建模。

2. CAD 图纸的导入

以一层图纸为例，找到 Revit 插入功能，选择 CAD 导入，选取一层平面图，勾选当前视图，导入单位修改为毫米，定位使用中心到中心，点击确定，等待程序响应。

3. 标高和平面轴网的创建

首先是标高的创建。由于标高只能在立面上显示，所以标高的创建也只能在立面上进行。在项目浏览器中找到立面，双击南立面进入三维南立面视角，此时界面存在系统默认标高一和标高二，修改标高一为 F1，修改标高二为 F2，同时调整层高，继续创建名称为 F3、F4 和屋面的标高，最终如图 4-4 所示。其中需要注意的是：在标高修改层高以米为单位，在选中标高出现的临时尺寸标注上修改标高高度以毫米为单位。

4. 柱的创建

建筑柱的创建主要分为三个步骤：第一步，通过对 CAD 结构图纸的审图，了解一层的结构柱共分为 10 种类型，在截面尺寸、钢筋构造和材料的使用上存在差异，需要复制默认柱的类型进行一一创建。第二步，创建完成后，对对应图纸上柱的位置进行放置，放置时根据具体要求对柱的参数进行修改。第三步，当一层柱放置结束，需要选取同类型的柱进行编辑组群，方便后期工程进度动画制作。最终完成柱的创建，如图 4-5 所示。

5. 梁的创建

结构梁的创建需要在 Revit 结构功能区创建，由于软件自带的族是 H 型钢，所以需要载入族。选择载入族，依次打开结构族、框架和混凝土的文件，选择混凝土梁族文件并点击确认。此时结构梁创建功能就有了混凝土梁的族，和上述柱的创建一样，先进行分类，编写构件类型，再进行绘制，最后编辑族群。梁的绘制同样可以对 CAD 图纸的内容进行拾取操

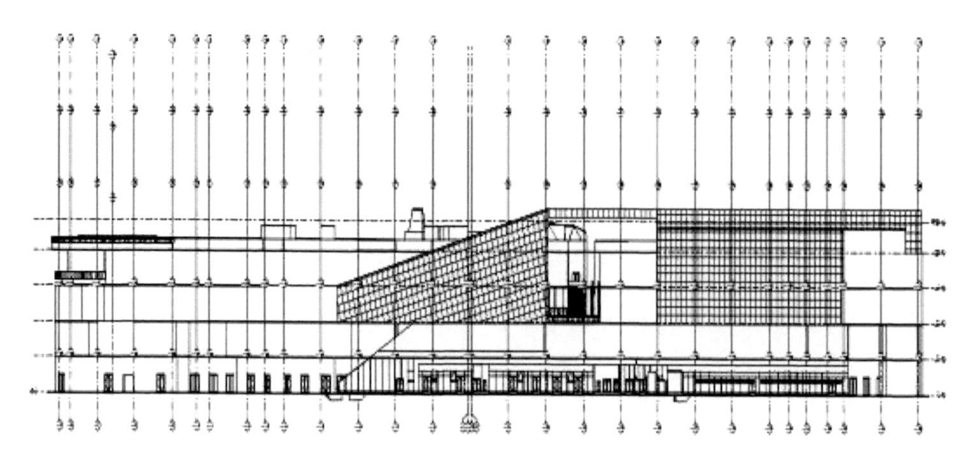

图 4-4　南立面标高图

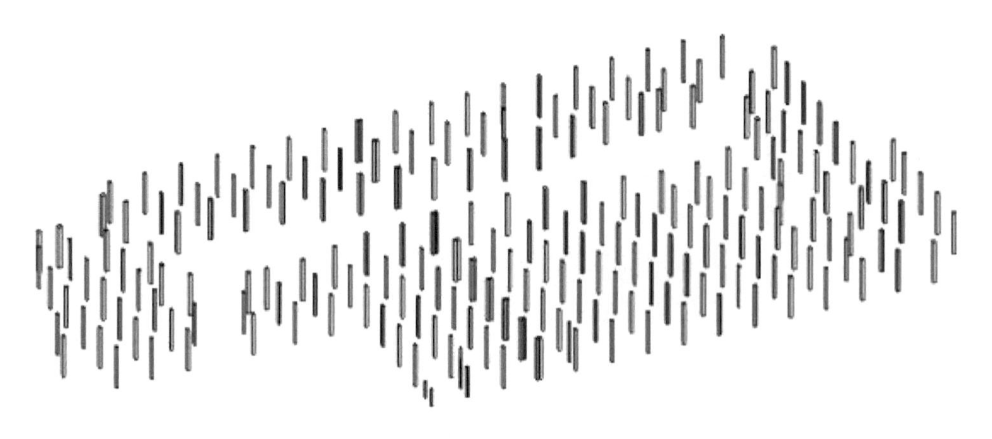

图 4-5　一层柱图

作，方便快捷。需要注意的是，梁的高度是默认基于当前标高向下，所以一层梁的绘制需要在二层标高上进行。

6．楼板的创建

本项目楼板工程量大，为方便后期进度施工工作的进行需要对施工段划分。选择建筑项目中楼板创建功能，复制一个类型并且命名为一层楼板，按图纸的做法和详图更改板的样式，如图 4-6 所示。材质的选择方面，若默认的材料库中没有符合的材质，同样可以采用载入的方式进入资源库中寻找或者在网络中下载材质包。因本商场屋顶为上人屋面，其创建方法与板一致，不作介绍。

7．墙体的创建

Revit 的墙体创建有建筑墙、结构墙和面墙，选择建筑墙开始绘制。同样，因为有 CAD 图纸的导入，墙也可以通过拾取线的方式快速创建。绘制时注意墙体的定位线随时切换。部分墙体构造复杂，需要对墙进行详细分层，如图 4-7 所示。

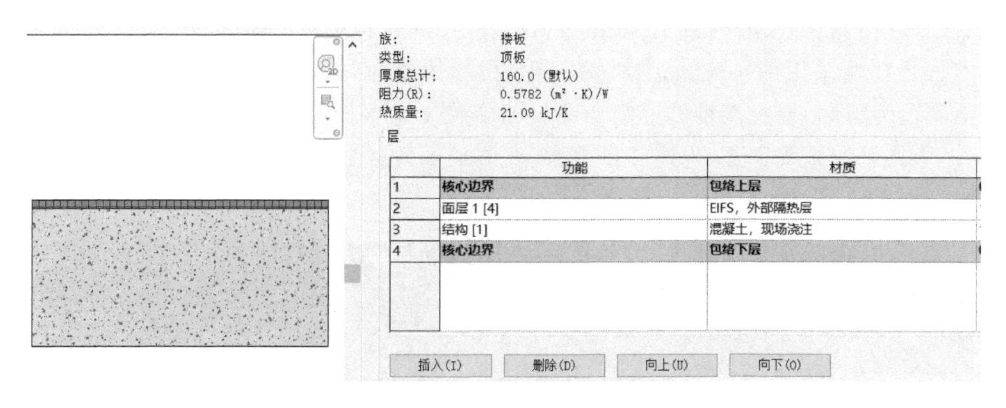

图 4-6　楼板编辑界面

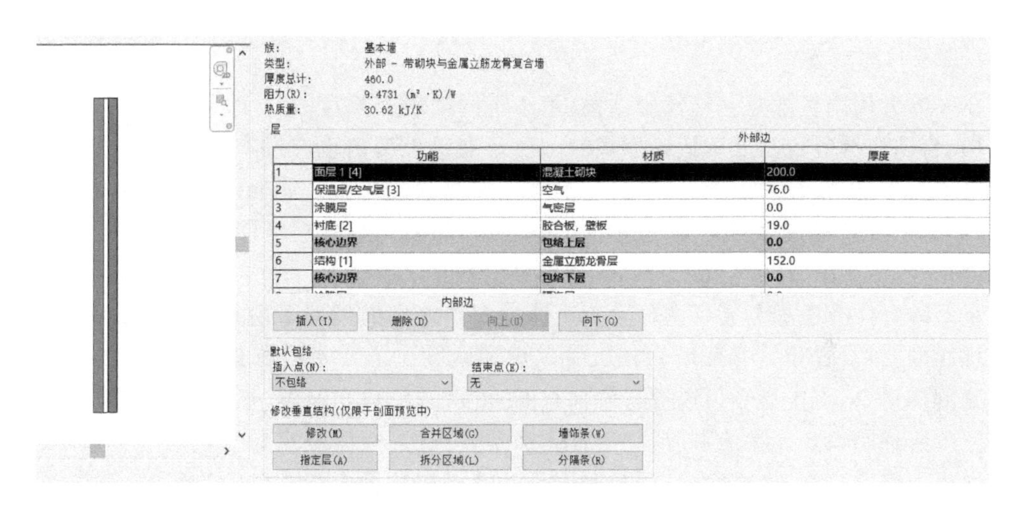

图 4-7　墙体编辑界面

8. 门窗的创建

墙体绘制完成后就可以在墙体上进行门窗的放置。建筑的门窗往往都能体现建筑自身的特点，影响建筑的整体风貌，同时门窗有打通室内和室外空间的作用，使内外空间连通。通过审图，Revit 族库中的窗户和门族与星河综合体的门窗并不匹配，所以需要自行创建样族。加载适当的门窗族，根据尺寸的不同进行具体参数的修改，在墙上进行放置。当安装好门窗时，可以在安装时标记，门窗的自动标识，勾选引线框架可以安装引线。当采用插入窗户族时，只要按一下快捷按钮 SM，就能使电脑在窗户和墙体之间找到中间位置。在放置窗户族时，通过滑动鼠标可以控制门窗的内外打开模式，通过点击选择按钮来确定窗户的打开方向。

9. 幕墙的创建

本建筑为大型商场，墙立面和屋顶大面积采用玻璃幕墙。玻璃窗是一种建筑的外部装修材料，能够很好地吸收红外线，防止大量的阳光照射进来使房间内的气温升高。另外，这面玻璃可以像一面镜子，可以反射阳光，也可以让阳光照射进来。这样可以增加房间的光线，使其看起来更加柔美。同时，玻璃钢幕墙在隔音、隔热、抗风压等方面也表现出良好的性能，而且其使用年限相对长。它的穿透力极强，给人一种极佳的观感。

本项目幕墙采用两种方式创建：第一种，按墙体创建，在建筑选项卡中选择建筑墙，更改墙体类型为幕墙，通过网格的分割和嵌板的修改来达到图纸要求的效果，如图 4-8 所示。第二种，采用幕墙系统创建，内建体量模型，在体量模型上生成幕墙。

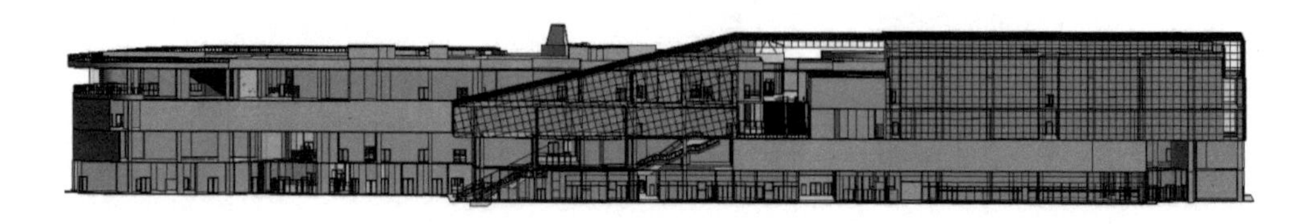

图 4-8　墙体创建幕墙图

10. 楼梯的创建

在一幢大楼内楼梯是一种常用结构，用于不同楼层及高度差异大时的运输联络。在设有电梯、自动扶梯等主要立式运输方式的多层及高楼大厦内也应设有扶梯。虽然高层建筑物以电梯为主，但是在发生火灾时，必须确得楼梯在紧急情况下能够使用。楼梯包括台阶、平台(休息平台)和防护部件等。在 Revit 中，阶梯的制作有根据组件来画和根据图纸来画两种方式。

星河综合体有电梯和楼梯两种垂直交通方式。电梯的创建采用载入族方式，将收集到的电梯族插入，设置相关参数后直接放置。星河购物中心常见阶梯建造方法：在建造面板上设置阶梯指令，点击指令可以进行阶梯绘图，可以进行适当设置，通过向下滑动属性条来完成整个阶梯的填充。在绘制阶梯时，首先确定参考面，然后确定梯级之间的关系，最后在属性面板上修改高度、梯面数量、踏板深度等参数。在进行全浇式台阶绘图时，在详细图纸中，当单跑楼梯台阶数量为 N 时，则需要 $N+1$ 级台阶，2 跑楼梯台阶需要 $N+2$ 级。

异形楼梯的绘制采用按草图绘制方式，用边界线描绘楼梯的边界，用梯段线描绘每一阶的梯段，用方向线指示楼梯上下方向，最后就能得到梯度、高度不一、边缘不规则的异形楼梯，如图 4-9 所示。

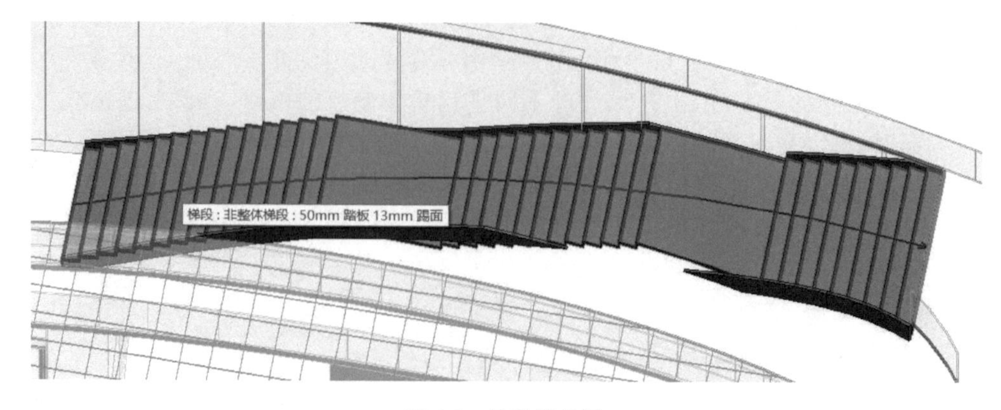

图 4-9　异形楼梯图

11. 预留洞口的创建

工程中开洞是为了方便工程建设,方便人员、物料的进出。设备管线的开孔是用来安装管线的装置,以防止在施工中因钻孔而产生破坏。Revit 软件能够墙面开洞、楼板开洞、屋顶开洞和梁开洞,开洞方式:面、竖井、墙、垂直、老虎窗。灵活运用开洞的方式能够大幅度加快建模进度。例如,楼梯间开洞可以运用竖井方式,能够直接生成楼梯间,后续其他层的创建不受影响。

三、模型渲染

1. Lumion 软件介绍

Lumion 软件是荷兰 Act-3D 公司在 Quest3D5 的基础上研发的一款简单、快捷、高效的可见性设计软件,适用于建筑、园林、规划与设计等领域,并能进行实际效果展示。

该系统是一款能够即时生成 3D 图像的虚拟仿真工具,能够将其转化成视频、图片或者360°立体图像。它的软体包括建筑、人物、动物、街道装饰、石头等,且可以从 SketchUp,Autodesk 产品和其他 3D 软件导入 3D 模型。最近几年,Lumion 软件在专业行业中的使用越来越频繁,在与环境艺术相关的工作中,有些公司会设立一个特殊的职位,让技术工人使用Lumion 软件进行场景建模和方案推算。而使用 Lumion 软件制作的效果和后期效果,通常会使所有者更加认同。

2. Lumion 软件的特点

(1) 操作简单,渲染速度快

该系统具有良好的用户界面,易使用,无需烦琐的指令。常规的 3DMAX 等渲染软件都是手工绘制的,一般都是高级的,当你想要看到的时候,再绘制一遍,耗时太长,效率降低。而 Lumion 软件利用 GPU 进行运算,其绘制速度更快,还附带一种即时绘制技术,可以让设计师在绘制的时候考虑到空间、材质、光感等方面的缺陷,从而更好地绘制。

(2) 丰富的材质库与模型素材库

Lumion 软件拥有大量的材料,包括木材、金属、玻璃、地砖、大理石等,这些材料可以在图 4-10 中显示,可以满足室内和室外的设计需求。当材料被赋予时,该软件会即时显示替代结果,同样方便,省时省心。此外,Lumion 软件还包含室内模型库、室外模型库、人物模型库、声音模型库、特技库等。大量的材料和模型可以节省设计师大量的收集和配置工作。

(3) 动态素材库

Lumion 软件的素材库中加入大量的动态素材,并可以自由地进行光源动态、火焰动态、动物动态、交通工具动态、水体动态素材等,这样可以使画面感更自然、生动。另外,在设计室外景色时,Lumion 软件的气象特效可以设定云、雨、雪等。

天然的景物,以及能够调整大小、色彩、运动方向等。利用这个特技,可以使观众透过窗户观察气候和景色的变化。

(4) 视频制作功能图

Lumion 软件具有很强的剪辑和动画效果,可以进行剪辑、场景切换等。制作完成后,可以输出 MP4 视频,也可以对“fps”精炼,即提高视频的帧数、视频精度和清晰度。在这里,通过视频剪辑、音乐和场景的运用,可以提高空间的效果和形成风格。

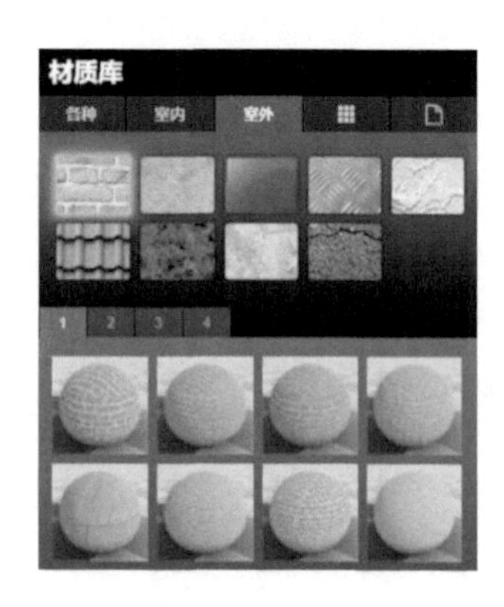

图 4-10　材质库展示图

(5) 软件的兼容性好

Lumion 软件的绘制速度和绘制效率都很高。它能同时兼容 Sketchup、3dSmax、Revit 等软件模型,可以在里面设置不同的材料、灯光、天气、地形等。该产品使用一款游戏引擎,使得生产之后输出图像和动漫更加快速,仅需数分钟就可以完成。

3. Lumion 软件基本界面介绍

Lumion 软件目前已发展到第 11 代,界面简洁明了。打开软件首先出现如图 4-11 所示界面,使用者可以新建或者读取项目,对文件可以进行保存或者另存操作,或者是输入范例进行软件操作学习。进入项目操作界面,从上到下分别是视角、快捷命令帮助、放置、材质、景观、天气、编辑模式、拍照模式、摄影模型、全景模式和设置功能。

图 4-11　操作界面展示图

快捷命令帮助中详细介绍了所需快捷键的作用。例如,G 为地面捕捉、F 为符合景观、Z 为仅沿 *Z* 轴移动对象、X 为仅沿 *X* 轴移动对象、Shift 为水平移动对象、Ctrl 为绘制方形选框等。在放置功能中,使用者可以放置导入的模型,也可以放置软件系统自带的模型。材质功能可以给所选模型进行 9 种材质的渲染,分别是砖、混凝土、玻璃、金属、石膏、屋瓦、石头、木材和沥青。景观功能可选择建筑所在地区景观,可以同时对地形进行详细绘制,创建类似池塘、河流等地形。天气功能则能更改场景所在季节、时间段、昼夜等。

4. 场景模型的创建

本项目是一座集影视、娱乐于一体的大型商场，建筑总占地面积为 43 017 m^2，用地性质为商业用地，项目综合容积率为 1.89%，绿地率为 15.18%，地下建筑面积为 37 907 m^2，设计总建筑面积更是高达 122 415.97 m^2。经查询具体地图显示，星河综合体位于未来商业繁华地段，周边建筑多，而 Lumion 软件系统自带的场景均不符合，需自行创建场景模型。首先，根据高德地图下载所需地区的周边建筑矢量数据，带有建筑层数模型属性，将获得的平面图按需要的大小对场地区域进行裁剪。通过软件 ArcScene 对建筑群模型进行高度方向拉伸之后就可以获得如图 4-12 所示场地效果模型。

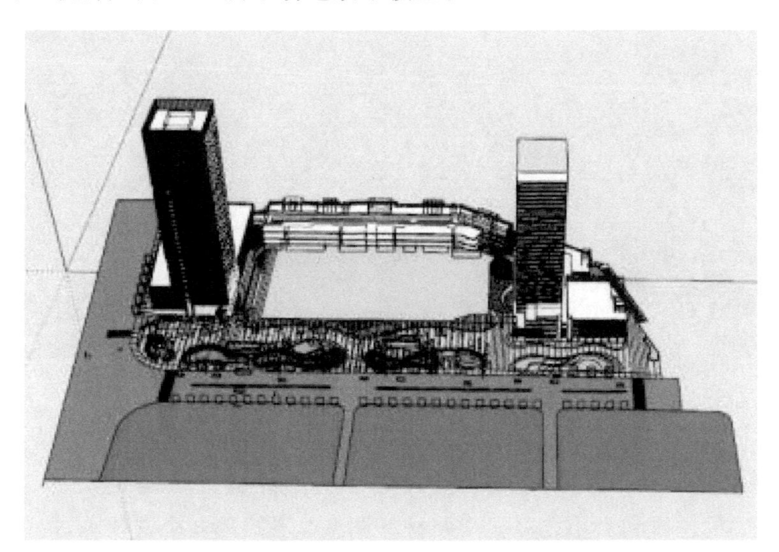

图 4-12　场地效果模型

将上述模型导入 Sketchup 中，删除过多的建筑群体，保留最主要的项目周边建筑，便得到如图 4-13 所示场地模型。

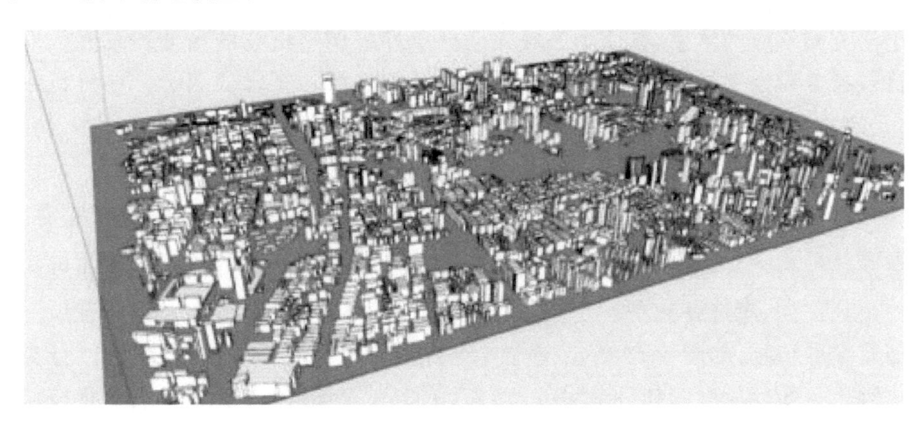

图 4-13　修改之后的场地模型

5. 基本位移和比例

将创建的场景模型导入 Lumion，并且和之前的星河综合体模型一起放置，通过观察可以发现:刚导入的模型与地面部分重合,如果画面中出现线框,则表示模型外置,找到图示箭头位置的调整高度图标,拖住往上移动一段距离,确保模型与地面不重面。如果导入的模型有问题,则可以点击右侧的删除图标,利用建模软件重新修改模型后重新导入即可。因为两个模型文件并不是按统一标准尺度存在的,所以两个模型之间存在大小差异,为了使星河综合体与周边场景能够按比例融合,需要对星河综合体进行细化,按比例操作,直至两个模型衔接得恰到好处,如图 4-14 所示。

图 4-14　比例协调图

6. 调节材质

确定了基础的位置和大小之后就开始材料调整。开启第 3 个选项卡,按照当前模式,在定制下方选取一个自定义的背景(山上的图标)来定制绿地草坪。可以根据自己的喜好,随意选取草坪,但是因为草坪的高度、野生程度和随机性都比较难掌握,所以在实际应用中通常都是直接选在周围。Lumion 软件的材料库非常多,有自然的,有室外的,也有定制的,在使用的时候可以仔细观察和挑选。在完成以上步骤后回到下一个面板,在这个面板下面有一个关于河流和草原的体系,在这个区域中选择草坪来调整植物的高低和荒芜程度。因为这个项目包括像泉水一样的水体,所以在材料体系中选择一个水的图标。在材料编辑工具中,无论是室内还是室外,都包括玻璃材料的调整,其基础特性是色彩、反射率、检测量等。只要在材料上轻轻点一下,就能将材料注入模具,非常简单和快速。

7. 添加配景

结束上述操作之后,点击最后一个大选项卡添加配景。点击单机小图标即可选择或更改配景种类。比如,想选择树形,只需点击工具栏上的树木图标即进入相应选项。添加的配景里面有多种植物,如图 4-15 所示,软件会根据叶片大小以及植物性质进行分类。在实际操作过程中一般使用中叶树种。另外,喷泉、流水和火焰等,在点击特效笔状按钮后还可以改变物体的颜色。

本案例中除了在前方有少量的树之外,背景处需要一些大的树丛遮盖,这时只需在自然库下点击树丛选项,树丛的范围大小不等,选定之后便可得到相应效果。该操作在做动画场景以及大范围的图纸时可以减少工作量,提高工作效率。

图 4-15　自然之物展示图

完成树木的栽植之后，便可进入人物系统，为案例场景添加人物。场景库包含各类人物角色，既有静止的也有活动的，以及不同年龄、性别，如图 4-16 所示。同时，系统还增加了 3D 剪影和 3D 剪影角色，使人物更加多样。

图 4-16　人物库展示图

8. 调节光影

光线追踪对于图像的质量来说非常重要，这依靠自己对光线和结构的理解。因为 Lumion 在直接光照下不能很好地呈现目标，所以要尽量避开 30°以下的正向光照，这样的光照往往会造成图像过于明亮，缺少层次感，从而暴露模型的全部缺点。拍摄时镜头和主灯的角度最好为 30°～150°。当然，反光效果也很好。Lumion 软件的 HDR 能力很强，不会在黑暗中突然熄灭，所以必须要有强烈反差，而且要充分运用 Lumion 软件的出色投射，营造出一种错觉。前景中，最好能看到一些植被，以免出现大片荒芜。恰当地运用暗色效果来凸显中央，让画面具有“层次”也是常见。将人物以及植物配景调整好后，打开天气选项卡，改变各种参数以得到想要的光影角度，同时可以调节云的种类、数量和形态，这个选项卡只可以粗调。

9. 渲染出图及成果展示

单击右侧进入照相模式，软件只能输出四种固定尺寸的图。出图前点击右侧工具条的齿轮，设置显示完整的山和树木。与此同时，针对作品情况，可以更改画质，编辑时也可以随时使用 F1、F2、F3、F4 调节画质。越高级的画质，细节和光影效果越好。最终的渲染成果如图 4-17、图 4-18 和图 4-19 所示。

图 4-17　效果展示图 1

图 4-18　效果展示图 2

四、漫游制作

1. Lumion 软件动画制作

Lumion 软件动画制作极简单：在软件右下角选择动画模式，点击录制，按方向键控制拍摄位置，移动摄像机到适当的位置再拍摄，相邻照片的角度决定最后的动画路径。重复

图 4-19　效果展示图 3

上面的步骤，完成动画路径的创建，完成后可以播放预览，调整动画路径和播放速度。最后点击视频渲染就能导出渲染过的完整动画。

Lumion 软件动画的输出解决了以往 3DMAX 动画输出耗时长和电脑配置要求高的问题，能够更好地支持快如闪电的 GPU 渲染，为动画的输出节省了大量时间。当然，Lumion 软件在提高工作效率的同时为用户提供了 25 帧、30 帧和 720P、1024P 等不同精度和质量的动画输出类型，完全满足对高精度动画制作的要求。

2. 后期剪辑和配音

动画制作的最后阶段是后期编辑，使用者可以使用自己的后期编辑工具，对 Lumion 软件的动画进行后期处理，比如会声会影、AE、PROE 等。动画的制作除了包含部分片段的连贯外，还包括加入背景音乐和文字解说，以及对电影色彩的校正。

星河综合体的展示动画使用 Camtasia 软件进行后期剪辑。Camtasia 是 TechSmith 旗下的一款专门录制屏幕动作的工具，能在任何颜色模式下轻松记录屏幕动作，包括影像、音效、鼠标移动轨迹、解说声音等。另外，它还具有即时播放和编辑压缩的功能，可以对视频片段进行剪辑和添加转场效果。

（五）渲染及动画制作注意事项

（1）导入模型前，需要对文件进行预处理，包括清理模型、分开材质等。文件过大时，可以把模型分成景观和建筑两个部分，只要保证它们和原点之间的绝对坐标是一致的，导入后就可以对齐。

（2）使用 skp 文件导入渲染，需要建立专门的渲染文件存放文件夹，路径和文件本身都不允许出现中文，否则模型会变黑。

（3）尽量避免建模问题导致的模型两面重合，渲染时会影响效果。

（4）Lumion 软件通过（颜色）材质来区分材料，在 Revit 下同一种材质的不同物体，在 Lumion 软件中会被统一识别为一个整体。例如，墙体和地面不是一个组件，但是是同一种材质，那么 Revit 会认为它们是一个整体。因此建模时材质一定要分开。

第三节 BIM 施工场地布置设计

一、BIM 施工场地布置软件介绍

场地布置有多种软件,各种 BIM 软件的优缺点见表 4-2。

表 4-2 在场地布置中各种软件的优缺点

软件名称	优　点	缺　点
Revit	适用性强,是目前 BIM 应用的主流软件。可用于不同专业的协同工作,通过日照分析达到节能	与 Sketchup 相比建模更加复杂,并且需要对结构之间的关系进行分析。在场地布置中,特殊机械的族库需要进一步完善
Navisworks	出于降耗目的,可以将 Revit 模型直接导入,避免重复建模。有专业的碰撞检测系统。建模相对便捷,无须考虑结构之间的相互关系,场地布置效果逼真,使用漫游软件可以达到比其他软件更好的效果	自身不具备建模功能,需要将 Revit 创建的模型导入。模型中没有量化的数据统计,无法生成数量清单
Sketchup	在具有一定绘图基础的情况下,可以绘制族库中没有的施工机械模型	模型越大,对电脑的配置要求越高。软件所包含的族库不完整,缺少地铁工程所需的施工机械和器材,需要使用 Sketchup 等软件建立 obj 格式的模型导入
广联达场地布置	根据现有的软件资源库快速构建出场地模型	自身不具备建模功能,需要借助其他软件提前建好模型
广联达 BIM5D	可将 Revit、广联达 GCL、project 等软件的模型和数据导入,对各方面影响因素进行动态分析	

二、施工场地布置分析

在施工场地布置中,施工方案、场地条件、人材机、工期、消防、安全文明等都会对场地布置产生影响,所以必须综合考虑所有因素后才能进行场地布置设计。为了确保施工场地布置的科学性与合理性,在布置设计前应先梳理好布置要点,使其更加科学合理。

(一) 施工场地布置原则及要点

施工场地的布置应根据不同项目的施工计划、图纸和进度要求等,用平面图表现出对施工场地内的道路交通、物资仓库、加工厂、临时建筑以及临水临电的管网等进行的规划与布置。所以,要妥善处理各种临时设施与永久性建筑以及在建工程之间的空间关系,有组织、有计划地进行文明施工。

场地布置时不仅要考虑当前阶段的施工情况，还要对后续阶段的场地布置进行调整，以便于以后的施工活动，也方便工人的日常生活和管理。同时严格遵守有关消防安全和卫生环保等方面的技术规范和法律法规。在保证项目顺利进行的前提下，尽可能不占、少占或缓占良田，充分发挥山地和荒地的作用，实现对空地的再利用，提高土地利用率。严格控制临时设施的搭建成本，并强化对现有管线和道路的管理。在保证运输方便的同时，最大限度地降低运输费用。这就要求对仓库、辅助设施、吊装设备等进行适当安排，并合理正确地选择交通方式和铺路，以避免二次搬运。将临时工程的费用降到最低，使已存在的或拟建的住宅、管线、道路及可拆卸的工程得到最大程度使用。

布置施工场地时应注意以下四个问题：① 确定场内和场外的交通运输线路；② 确定临水、临电、供风和通信系统的规模和位置；③ 确定各施工职能部门和仓库等场地分区的规模和位置；④ 合理划分临时设施区域。

（二）施工现场平面布置步骤

1. 规划场外交通

在制订计划之前，必须明确材料、设备的运输方式，做好运输线路的规划。先规划场内，再规划场外。

2. 合理布置仓库、料场

根据材料、设备及其运输方式等布置仓库及材料堆放场地。合理规划仓库位置，避开坡道和拐角，预留足够空间来搬运，当空间无法满足需求时，可以在靠近仓库的地方设置一个中转仓库，同时注意仓库位置是否科学，减少二次搬运。

3. 合理布置施工现场加工场

一般在同一区域集中设置，最好是在工地边缘并靠近仓库、物料堆场。加工场的布置应注意以下四个方面：

(1) 混凝土搅拌站。混凝土搅拌站有三种布置方式，即集中式、分散式、集中分散组合式。若项目需要大量的现浇混凝土，可在适当位置设置搅拌站。在运输条件好的情况下，可以考虑由搅拌站集中输送商品混凝土，在运输条件不好的情况下，可以设置分散式混凝土搅拌站。

(2) 预制加工场。一般在原料堆放区的扇形区域、临近场外处等无人区域设立预制加工场。

(3) 钢筋加工场。钢筋加工场有分散式和集中式两种。根据实际情况，钢筋冷轧作业可以在中央加工区进行，而小型加工件和成型钢筋的加工可以在钢筋使用地点附近的散装加工棚内完成。

4. 木材加工场

木材加工场靠近木材堆场。原木及锯材堆场可设置在铁路、公路或水路附近。加工场位置选择和成品堆放按照生产工艺的具体需要进行。

5. 合理布置临时运输道路

工作人员应根据现场情况设计运输线路，并合理规划临时道路：

(1) 对临时道路规划和地下管网施工做出合理设计，充分利用原永久性道路，处理好路基和路面面层，减少不必要的浪费。

（2）改善交通道路的畅通性。设置至少3个以上出入口，以确保车辆运输的畅通。按照环状布置场地主干道，主干道应按6 m以上的间距布置，其宽度设定为双车道，次级车道为单行车道，其宽度至少为3.5 m。

（3）合理选择路面结构。对于临时道路，应结合道路的运输条件进行路面结构设计，将其作为主要的交通枢纽，与城市主要道路相连接。可以按照混凝土路面的施工标准铺设将来会作为永久性道路使用的路面。其他支线道路一般为土路或砂石路，能够确保施工机械正常行驶即可。

6. 合理布置施工现场办公生活区

临时设施，如办公室、职工宿舍、小卖部、食堂、厕所等，应按照现场施工人员的数量决定建筑面积，充分利用居住场所或其他永久建筑物的使用价值，在不符合工程需求的情况下，可考虑另建。为了便于对外联络，在整个施工现场的入口处设立项目管理办公室。在职工必须经过的地方设立职工福利房，可在距工地500～1 000 m以外的地方设立生活区。

7. 合理布置临时的水电管网和其他动力设施

在高压电源的输入端设置临时的总变电站，在地势相对较高的位置设置临时水池。在场地中央安装临时电力设施，可以在无法使用现有水电设备的情况下开采水资源，可设置加压泵并利用其进行地表水或地下水的开发利用。并在此基础上安装储水装置，将输水管道连接到现场，完成整个施工现场用水管网的铺设。现场电网通常采用环形布置的3×10^3～10×10^3 V的高压线路和树枝状布置的380/22 V的低压线路。

（三）施工现场布置依据

1. 施工现场消防要求

建筑工地的火灾危险程度与一般住宅、厂房、企业、单位等不同。由于处于施工期间，室内、室外消防栓系统，自动喷水系统，火灾自动报警系统均无法正常运行，同时在工地上存在大量的建筑材料，临建工程的消防标准较低，存在较大的临时用电风险。这些因素对建筑工地的火灾风险有一定的影响，所以要从根本上杜绝潜在危险，才能确保工地安全。首要条件是对临时设施、房屋、消防车通道等进行平面布置设计，完成后方可开始施工。

（1）明确总平面布置内容

建筑工地总平面布置应首先确定现场防火、人员撤离所涉及的临时建筑设施的位置，以保证施工现场的消防安全。

以下的临时用房及临时设备必须列入工地的总平面布局：

① 施工现场的出入口、围墙、围挡。

② 施工场地内的临时道路。

③ 给水管线和供电线路的布置。

④ 施工现场生活办公用房、发电机房、变配电房、可燃材料库房、易燃易爆危险品库房、可燃材料堆场地及其加工场地、固定动火作业场地等。

⑤ 临时消防车道、消防救援场地和消防水源。

（2）重点区域布置原则

① 建筑工地入口应不少于 2 个，沿不同方向布置，并能满足消防车辆的通行需要。如因场地条件所限，仅有 1 个出入口，则需要在工地上设置一条环形道路，供消防车辆通过。

② 固定动火作业场地应布置在可燃材料堆场地及其加工场地、易燃易爆危险物品仓库等全年最小频率风向的上风侧处；宜布置在临时办公用房、宿舍、可燃材料库房、在建工程等全年最小频率风向的下风侧处。

③ 易燃易爆危险品库房应远离明火作业区、人员密集区及建筑密集区。可燃材料堆场地及其加工场地、易燃易爆危险物品仓库不得设置在架空电力线路的下方。

（3）防火间距

对各种临时设备和在建工程之间的防火间距进行控制，以防止火灾蔓延。

（4）临时消防车通道与救援场地

① 施工现场应设置临时消防车道。临时消防车道与在建工程、临时用房、可燃材料堆场地及其加工场地的距离应在 5 m 至 40 m 之间，以保证供水的可靠性，从而实现灭火救援的安全开展。在施工现场周边道路能够满足消防车通行及灭火救援的需求时，场地内可不设置临时消防车道。临时消防车道最好设为环形车道，若难以实现环形布置，则需在车道末端设一个至少 12 m×12 m 大小的回车场。车道的净宽度和净空高度应大于或等于 4 m，车道右侧应有消防车行进路线的指引标志，还要确保其路基、路面以及下部附属设施能够承受消防车的工作负荷。

② 建筑高度超过 24 m、单体建筑面积超过 3 000 m^2 的在建工程以及 10 个以上成群排列的临时用房，其施工现场在装饰装修阶段应设临时消防救援场地。临时消防救援场地应设于其长边一侧，场地宽度必须达到消防车辆的标准作业要求且超过 6 m，与在建工程外脚手架之间的净空间距最好在 2 m 至 6 m 之间。

2. 安全文明施工

在建设过程中，既要重视工程质量，又要加强工地的安全和文明施工。而许多工地都比较凌乱，工地上的物料和设备乱堆乱放，对建筑废弃物也没有妥善处置，工地上的临时设施和标志也都没有达到标准。所以要确保工地的安全和文明施工，必须科学、合理地使用施工场地。

安全文明的施工场地布置，主要包括施工场地布置、围挡要求、物料堆放、生活设施等。

（1）施工场地布置

① 施工场地应设置连续、畅通的排水设施，设排水管网及水沟、沉淀池。施工废水和雨水经沉淀池沉淀后排入指定市政管网；场地内不得积水；污水泥浆不得淤积和随意流淌，未经处理严禁排放。

② 施工场地内应设立有防火措施的吸烟室，严禁户外抽烟。

③ 施工场地内应设立垃圾堆放点，施工垃圾和生活垃圾分别集中堆放，并及时清理出库。

④ 施工场地内应设置洗车池，配备高压水枪，清理冲洗离开工地的汽车，严防车辆携带泥沙污染城市道路。

⑤ 在施工场地适当位置悬挂质量管理、安全生产和文明施工的标语。存在安全隐患的危险区域，要有相应的危险警示标识和警示灯，标识要美观、整齐、规范。

⑥ 施工场地内的道路要与施工现场的各种场地、仓库相协调、配合。

⑦ 由于工地上有大量的粉尘，所以必须采取相应的扬尘控制措施。首先是硬化场地，防止大风裸土扬尘。其次是建立洒水清扫降尘制度，现场需配备洒水车、雾炮及喷淋系统等，保证工人的身体健康，同时美化环境，避免城市污染。

⑧ 为了降低噪声的影响，施工机械要尽可能与办公场所和已有的住宅楼、办公建筑等保持一定距离。同时合理安排施工工期，在休息时段开展噪声较低的工艺。

（2）围挡要求

① 施工现场必须设置封闭围挡。一般路段的围挡高度应在 1.8 m 以上，市区主要路段的围挡高度应在 2.5 m 以上，围挡必须牢固、稳定、整洁、美观。

② 在工地入口和出口均应设大门，其净宽度不应低于 6 m，净高度不应低于 4 m。在大门处设置门卫室，入门登记，轮班值守，严禁闲杂人等进入。

（3）材料堆放

安全、文明的施工对堆放物料的高度、方式、场地等都有一定的要求，从而对物料的存放数量产生一定影响。

① 物料应堆放在地势较高、坚实平坦且具有排水设施的地方。各种物料要按品种、规格等分类摆放，并对物料的名称、尺寸、产地等信息设立标识牌。易燃、易爆、有毒、有害物品需分类寄存，严禁混放、露天储存。

② 主要材料半成品的堆放应做到一头见齐。钢筋要堆放整齐，用木方垫起，不得放在潮湿或受雨水侵蚀的区域。直筋堆放高度不能超过 1.2 m，圆盘钢筋堆放高度不宜超过 1 m。砖应丁码成高度小于 1.5 m 的方垛，放置在距沟槽边缘至少 1.5 m 的地方，以避免崩塌。

③ 建筑用砂应堆成方，石子应按不同粒径规格分别堆放成方。模板和混凝土构件应按不同规格型号分类码放整齐，堆放地点要平整坚实，码放高度小于 1.5 m。堆放混凝土构件时应在正确位置放置垫木，多层叠放时垫木要上下对齐。钢模板和混凝土墙板应放入专用插放架，插放架应安全牢固。

（4）生活设施

根据工地各部门的管理人员和员工人数，提供办公所需的办公室、宿舍、食堂、医务室等设施。生活设施的电力分配和电力管理必须满足相关的安全和文明规范的规定。

三、BIM 施工场地布置设计

（一）广联达 BIM 施工现场布置软件介绍

1. 软件操作整体思路

软件操作整体思路流程如图 4-20 所示。

2. 软件功能介绍

广联达 BIM 施工现场布置软件界面包括标题栏、功能栏、构件库、属性栏以及绘图区，五个部分，如图 4-21 所示。

双击桌面图标打开 GCB 软件，若未直接检测到加密锁，可在输入正确的账号及密码后进入软件。进入软件后会出现一个文件菜单，在文件菜单中可以对文件进行简单操作，如

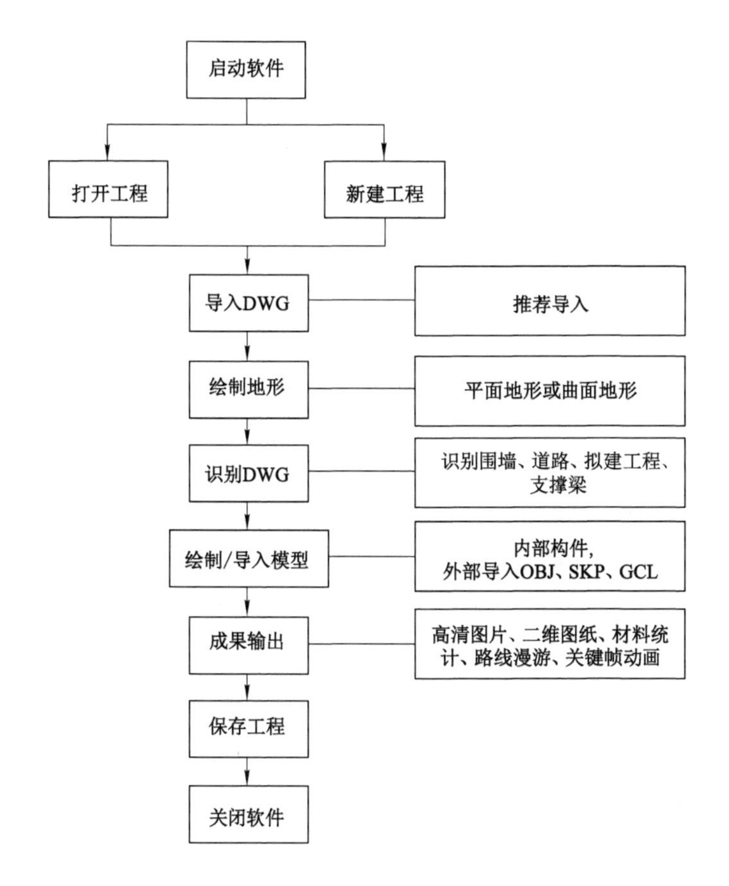

图 4-20　软件整体思路流程

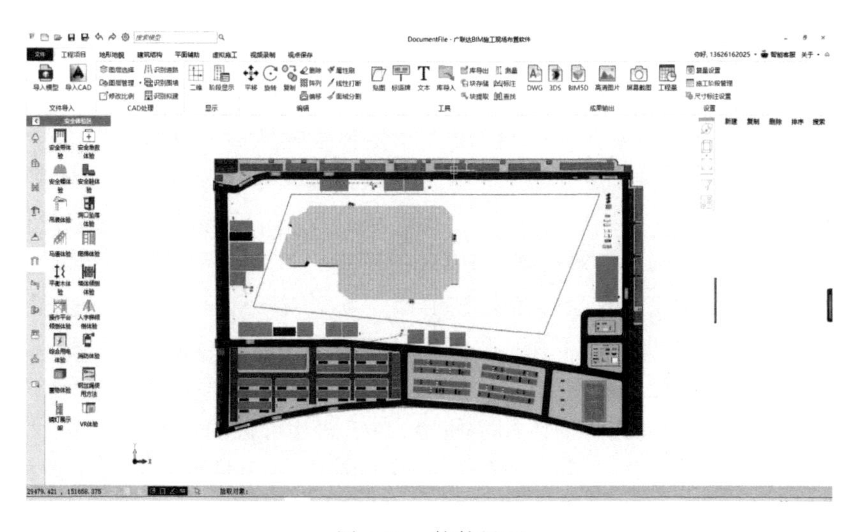

图 4-21　软件界面

新建工程、打开工程、最近打开等文件常用操作，为操作软件提供便利。

标题栏下有新建工程、打开工程、保存工程、另存为、撤销、恢复、设置和构件库搜索框八个命令入口。前六个命令都是最基本的文件操作命令，点击“设置”命令可弹出“参数设置”窗口，在此窗口中可以对软件的二维背景色、三维背景色和场景阴影效果（包括光照的方向与角度）以及其他设置（包含自动保存时间设计、是否启用 lod 优化、是否启用悬停备注、是否显示停靠窗口等）进行操作。构件库搜索框可以在联网状态下通过点击“放大镜”图标打开构件库，构件库中包含用户自己制作上传的构件以及一些特殊的构件，如图 4-22 所示，通过搜索可以选择自己需要的构件然后插入软件使用。

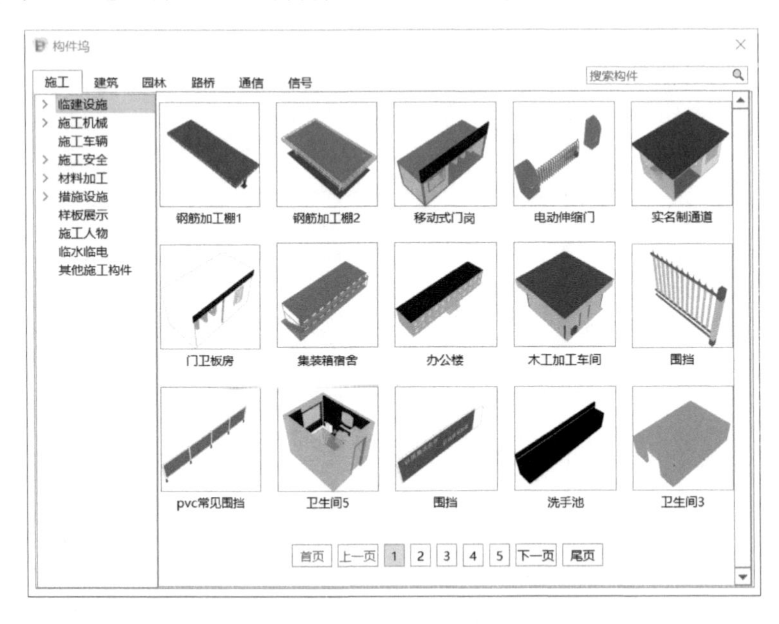

图 4-22　云构件库

功能栏具有工程项目、地形地貌、建筑结构、平面辅助、虚拟施工、视频录制及视点保存七大功能。

（1）工程项目命令包括七个部分，分别为文件导入、CAD 处理、显示、编辑、工具、成果输出和设置。目前软件支持导入 CAD 图纸以及多种格式模型，可以导入 3DS、SKP、OBJ、GGJ、GCL、IGMS、FBX、DAE、STL、PLY 等行业软件常用格式模型文件。需要注意的是，GGJ 仅支持 12、11、10 版本，GCL 仅支持 10、9 版本。导入后可对 CAD 图纸进行处理，如删除、复制、移动图元或图层，以便对道路、围墙和拟建进行识别，便于后续绘制。前期可以先进行施工阶段设置，设置完毕可通过阶段显示命令调整视图区显示的当前阶段，用于控制后续的各种文件输出。绘制完毕可在成果输出页签下选择自己所需的文件格式导出：DWG 可导出工程二维样式，用 CAD 软件打开；3DS 可导出工程三维样式，用 3DMAX 软件打开；BIM5D 可导入 BIM5D 软件作为场地模型使用；高清图片可根据需要选择尺寸，导出 PNG 格式；屏幕截图可将当前屏幕显示内容以图片形式输出；工程量可将项目中的材料量根据算量设置中的内容生成材料量。

（2）地形地貌分为地形表面、开挖和回填以及基坑围护三个部分，如图 4-23 所示。地形表面分为平面地形和曲面地形：在“地形设置”中设置材质及地形深度后，绘制一个封闭的面即可生成平面地形；曲面地形的生成则是通过绘制或识别等高线实现，即绘制多个封闭不相交且高程不同的等高线。开挖和回填功能可实现基坑的绘制，注意开挖的基坑深度应小于地形厚度。设置底部标高和放坡角度可实现基坑开挖，设置回填的顶标高可实现对地形回填，在开挖过的地形上由内部一点画线选择方向和坡高点、低点的高度可实现斜坡的绘制。

图 4-23　地形地貌

虚拟施工和视频录制共同构成软件的动画系统，这也是 GCB 软件最重要的功能之一。

(3) 虚拟施工可以对构件添加动画，模拟现场的施工过程，有建造、拆除和活动三种施工动画可供选择，如图 4-24 所示。

图 4-24　虚拟施工

建造方式主要有三种：自下而上建造、自上而下建造以及平移推进建造。自下而上建造的动画过程是由下到上，房屋的建造、脚手架的搭设等采用这种动画；自上而下建造与自下而上建造相反，其动画过程是由上到下，外墙装修的动画就是采用这种动画制作；平移推进建造主要用于平面进行的建造动画，如道路的建造过程就可以采用从某个方向到某个方向的平移推进动画，如果涉及分层动画还可以在动画设置中增加分层参数，如图 4-25 所示。拆除操作与建造相同，为建造的逆过程。活动动画主要有路径、旋转、强调三种方式。路径动画指沿绘制路径移动，如施工机械的行驶模拟等；旋转动画主要用于塔吊的旋转模拟，可以在动画设置中对开始角度和结束角度进行修改，若拟建楼层较高，还可以对塔吊进行顶升参数设置，如图 4-26 所示。根据所需动画播放的速度，通过设置自行调整一秒的转换天数，通常一秒转化为一天，参数越大，播放速度越快。动画添加完成后可通过预览功能进行查看，实现施工过程的动态模拟。

(4) 视频录制界面会因为动画设置的不同而变化。软件支持路线漫游和关键帧动画两种动画类型，均可选择是否开启施工动画，选择开启就可以在动画中体现虚拟施工动画。选择路线漫游，可调整行走速度和离地高度，绘制路线自动生成漫游视频。选择关键帧动画，界面包含工期时间轴、工期时间标尺、动画时间轴和关键帧标尺四项，如图 4-27 所示。其中工期时间轴和工期时间标尺在未做虚拟施工动画或未开启施工动画时在界面中是不显示的。路线漫游动画和关键帧动画制作流程如图 4-28 和图 4-29 所示。

(5) 视点保存页签主要用来记录三维视角的调整和存储，可以通过对剖切面的绘制调整显隐控制以达到想要的效果，如图 4-30 所示。

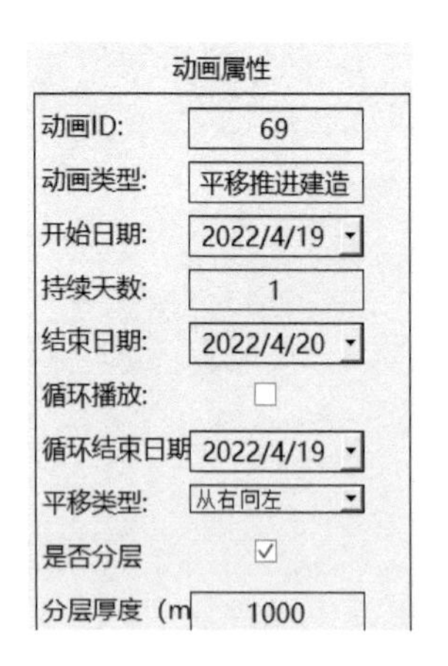

图 4-25　平移推进动画分层设置

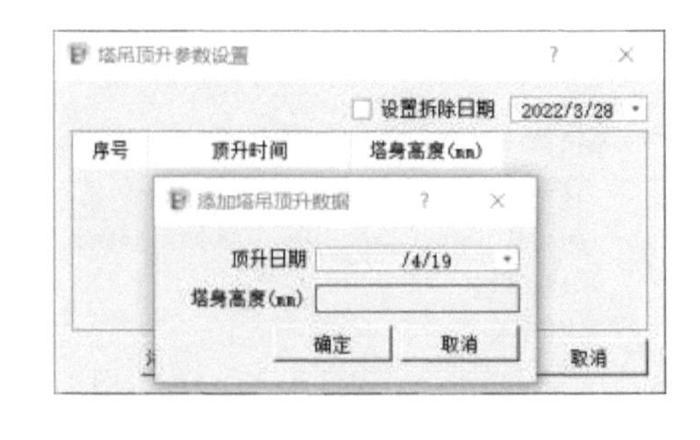

图 4-26　塔吊顶升参数设置

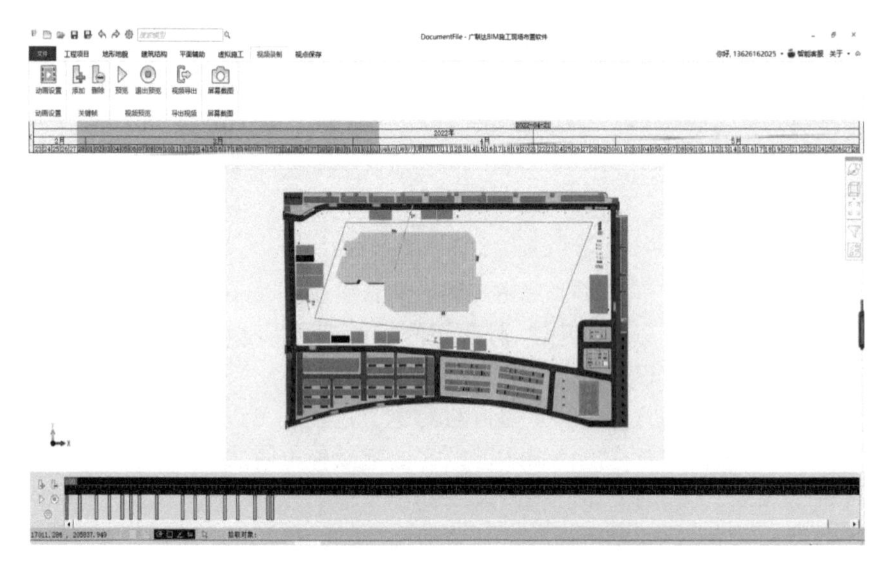

图 4-27　关键帧动画界面

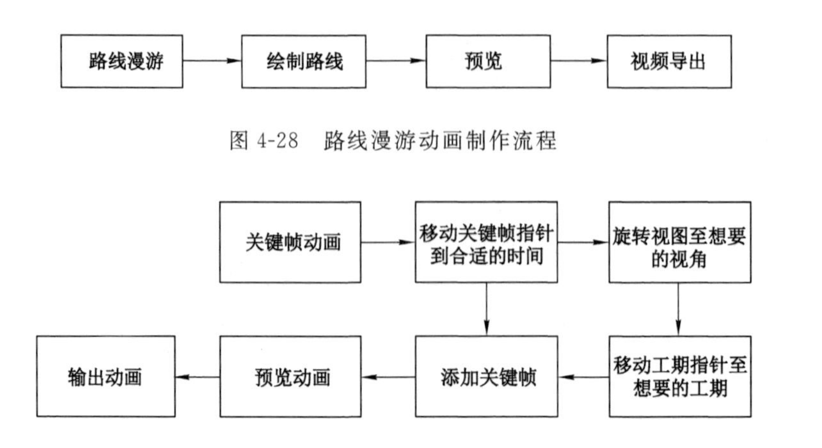

图 4-28　路线漫游动画制作流程

图 4-29　关键动画制作流程

图 4-30　视点保存

（二）基于 BIM 的星河综合体项目施工场地布置设计

1. 设计绘制思路

设计绘制思路如图 4-31 所示。

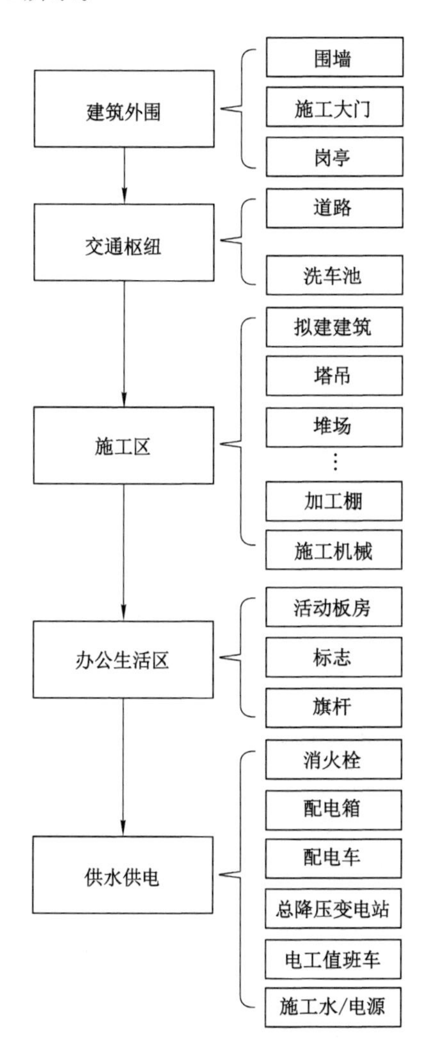

图 4-31　设计绘制思路

2. 模型创建前的准备工作

本设计未提供施工布置总平面图，为方便绘制，在模型创建前可先使用 CAD 对项目的总平面图进行大概编制，遵循三区分离原则，对生活区、办公区、生产区等功能区域先进行合理明确的划分，具体细节待模型创建时根据三维图再设计与修改。

编制图纸前可以自行收集类似项目的施工现场总平面布置图作为参考，取其精华去其糟粕，同时结合本项目实际信息，对总平面图进行合理编制。此阶段 CAD 绘制过程中线条要清晰明确，保留必要图元，这样可以避免图纸导入 GCB 软件后线条杂乱、拾取不到的情况出现。此处有一点需要注意：CAD 绘制时为方便可能会将一些图元转换为图块，GCB 软件的图纸识别功能不支持对图块识别，若图纸中存在图块，应先在 CAD 中执行分解命令，再导入 GCB 进行三维建模。

根据比赛要求，需要利用广联达 BIM 施工现场布置软件完成基础、主体、装修三个阶段的场地布置模型，因此在正式建模前应先行在设置中进行施工阶段管理，设置完毕可以通过调整施工阶段显示选择视图区显示的当前阶段，也可以在属性栏中调整某一构件的施工阶段可见性。

3. 模型创建流程

在建筑总平面布置方面，应充分利用场地的有限空间，满足施工需要，确保工程进度，在此基础之上合理安排物料堆放场地，尽量减少二次运输。加工棚等临建设施应重复利用以满足节能环保和消防安全的要求，并严格遵守相关部门和建设单位有关施工现场安全文明施工的相关规定。根据上述要求，虽然场地布置需要分阶段建模，但是大部分临时设施都是在两个或三个阶段中同时出现的，因此还是按照上述绘制思路进行模型创建。

(1) 导入 CAD

如图 4-32 所示，绘制前可先使用导入 CAD 功能导入 DWG 格式图纸，选择所需图纸后鼠标左键选择插入点即可成功导入。此处需要注意导入图纸的文件类型。图纸文件类型的 CAD 版本应与 GCB 版本相匹配，若图纸的 CAD 版本过高，软件会出现 CAD 中有损坏图元的警告提示(图 4-33)，此时只需要回到 CAD 中将图纸保存为低版本即可解决。另一个注意点是 GCB 对图纸的要求是以毫米为单位(按 1∶1)，如某项目大门实际宽 8 m，那么在 GCB 中测量的距离就应该是 8 000，若导入图纸后发现比例不对，框选需要修改比例的图纸部分，点击“修改比例”命令输入正确比例(图 4-34)，即可让图纸按照输入的数字成倍放大或缩小。另外，GCB 中也可以对 CAD 线进行平移、选择、阵列等简单修改，但不可以偏移。若导入的图纸中还存在影响识别的多余图元，可以直接删除单个线条，也可以在“图层管理”中修改图层的显示状态(图 4-35)，仅保留或隐藏自己想要的图层。

(2) 地形表面

所有构件都需要在地形上进行绘制，软件提供了平面地形与曲面地形两种地形表面的创建方式。本设计所选案例工程未提供图纸，因此按照平面地形进行绘制。如图 4-36 所示，通过“参数设置”命令对地形地貌的深度和默认颜色进行设置后绘制一个闭合的矩形完成平面地形绘制。注意本项目基坑深度 6 m，将地形地貌深度设计为 10 m，满足要求。

(3) 建筑外围

① 围墙

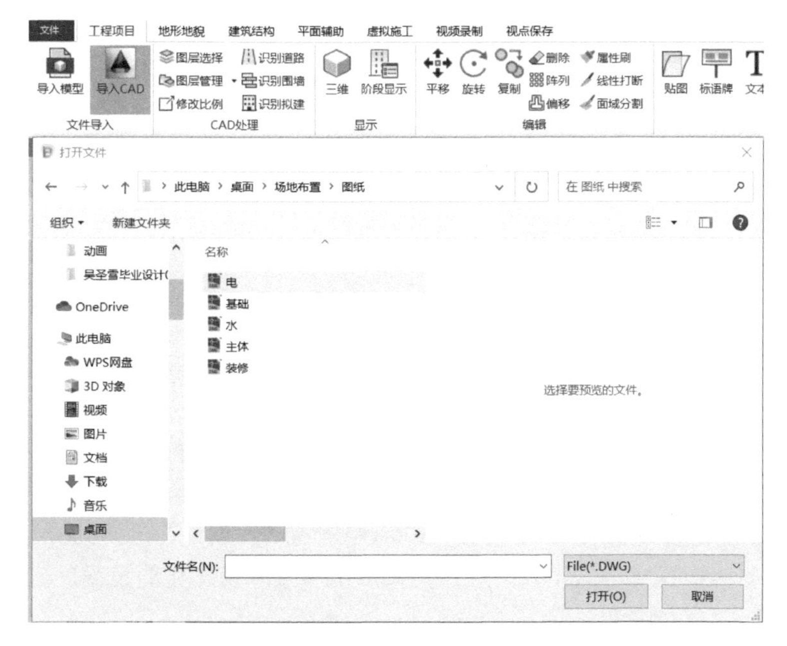

图 4-32　导入 CAD

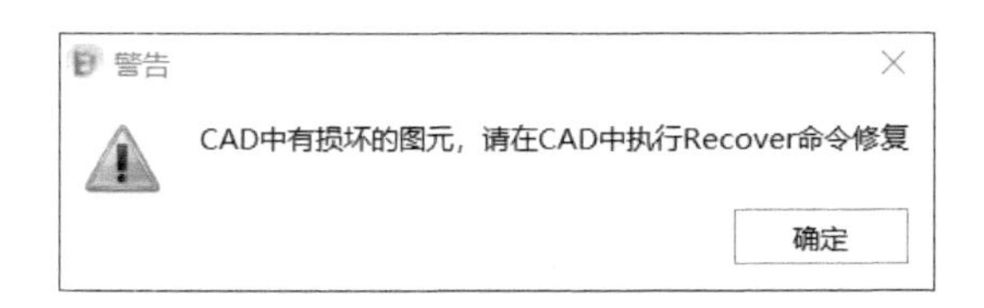

图 4-33　报错警告

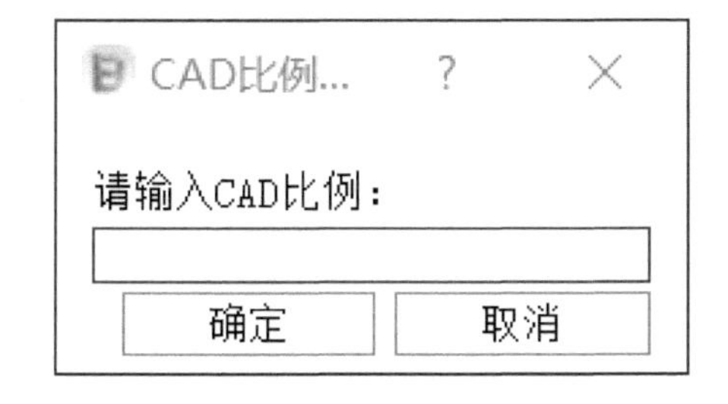

图 4-34　修改比例

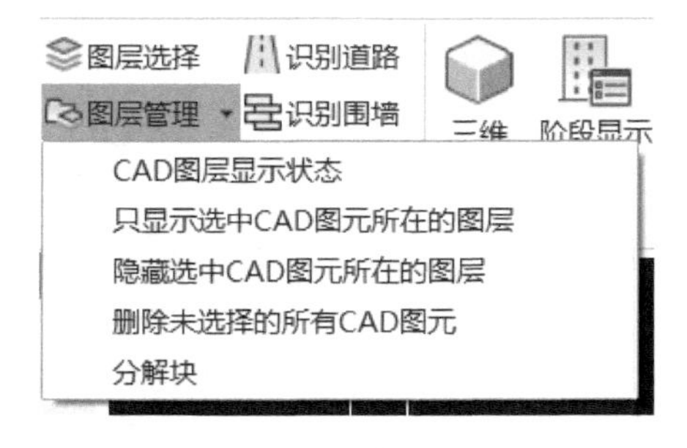

图 4-35　图层管理

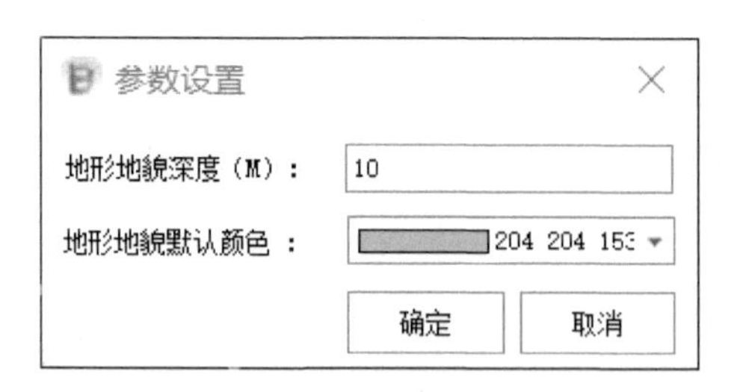

图 4-36　平面地形参数设置

围墙是施工现场最常见的围护构件，可以导入 CAD 后识别围墙线自动生成，也可以手动绘制。软件提供了五种围墙的手动绘制方法：直线绘制、起点-终点-中点弧线绘制、起点-中点-终点弧线绘制、圆形绘制和矩形绘制，可根据需要自行选择。围墙绘制结束后可以在属性栏中修改材质、高度、样式等参数，墙主体材质一栏中软件自带了砖、砌块、混凝土等选项。市区主要路段的围挡高度不应小于 2.5 m，将围墙高度设计为 3 m，满足要求。同时为美化施工环境、体现企业内涵，本设计在工地围墙上布置宣扬文化的公益广告，如图 4-37 所示，既美化城市，又宣扬文明风尚。

图 4-37　文化墙

贴图文化墙的制作过程如图 4-38 所示，在材质内选择“更多”添加想要的图片。若围墙为分段绘制，修改其中一段围墙的属性后可以使用“属性刷”功能，先单击选择修改后的构件，再选择尚未修改的构件，右击确定即可对未修改的构件做出同样修改。

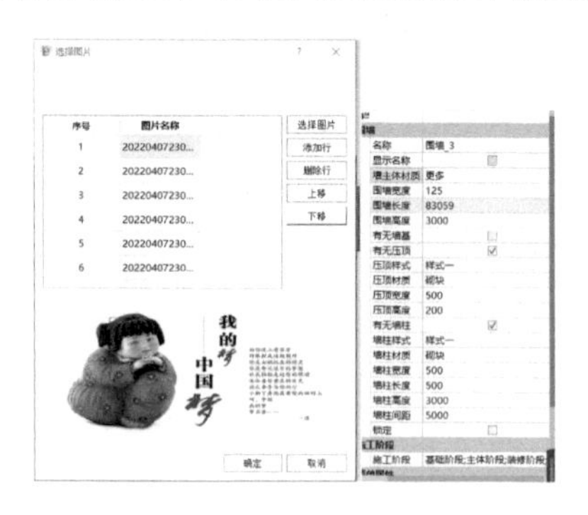

图 4-38　围墙贴图设置

② 施工大门

施工大门是工地内不可或缺的存在，人、材、机、车由此进出，也体现了企业风貌。建筑工地应在不同方向布置至少 2 个出入口，入口和出口均应设置大门，本项目设计了 4 个大门，净宽度为 8 m，净高度为 5 m，如图 4-39 所示。软件提供点和旋转点两种绘制方式，通常使用旋转点。在构件库中选择大门，鼠标左键指定插入点和角度即可完成绘制。众所周知，门窗是依附于墙体存在的，GCB 中的大门与围墙也不例外，所以 GCB 大门的绘制和

Revit 中门窗的绘制相同，绘制墙体时都不需要在门窗处断开。因此绘制施工大门时只需要将插入点放在围墙上，大门就可以依附围墙绘制。大门的样式、尺寸、材质、标语等都可以在属性栏中修改，需要注意的是：二维平面中大门的表示符号是一个双开门，双开门的朝向为大门朝向，若放置时方向反了，可以在属性栏中修改角度，在原角度基础上加或减 180°。

图 4-39　施工大门及其参数属性

③ 门卫岗亭

本设计在大门处布置门卫岗亭，负责维护公司资源安全、确保人员车辆物资出入安全有序、严禁无关人员入内、提高公司形象等。岗亭的绘制方式与大门相同，通过旋转点进行绘制，在构件库中选择门卫岗亭，鼠标左键指定插入点与角度即可完成绘制。构件放置后可以在属性栏中调整门卫岗亭的开间、进深、高度等参数，软件自带红白、蓝白两种颜色方案和平顶、单坡、双坡三种屋顶，本设计选择蓝白平顶，如图 4-40 所示。

图 4-40　门卫岗亭

④ 员工通道

实名制员工通道门禁系统布置在施工现场的主出入口，其作用是控制项目相关人员进出工地，准确记录进出人员的信息，有效解决传统门禁的弊端，实现管理精细化与控制智能化。员工通道绘制方法依旧同上，此处默认选择的是点绘制，选择插入点放置即可，放置后可自行在属性栏中修改长度、宽度、高度、间距、个数等参数。但是员工通道有一点与大门不同，就是不会自动依附围墙存在，所以放置员工通道时需要预先留下位置，员工通道处不画围墙，如图 4-41 所示。

(4) 交通枢纽

① 道路

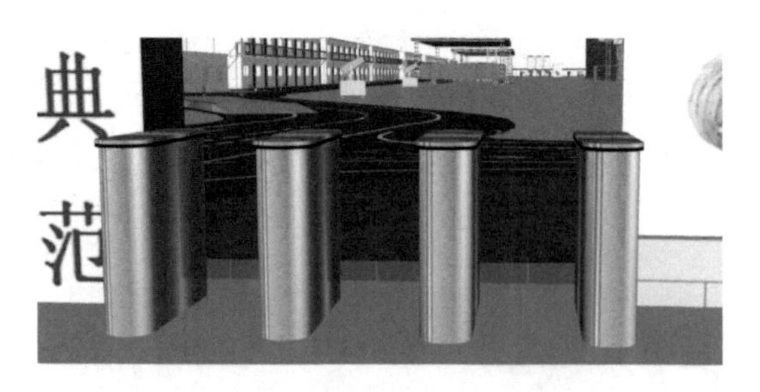

图 4-41　员工通道

道路是供车辆和行人等通行的工程设施，本项目设计 8 m 宽环形双车道，既能确保运输车辆畅通行驶，也满足消防车辆通行与灭火救援的需求。软件内有线性道路和面域道路两种可供选择，施工现场线性道路主要有现有永久道路、拟建永久道路、施工临时道路、场地内道路、施工道路五种类型。线性道路的绘制方式与围墙大致相同，主要有直线、起点-终点-中点弧线和起点-中点-终点弧线三种手动绘制方式，也可以使用“识别道路”功能选择道路边线自动生成，但 GCB 软件只能识别两条平行的直线，两条平行的曲线就无能为力了，略带弧度的部分也不能很好衔接。软件的优点是道路相交的连接处在绘制过程中能够自动生成，不需要重复绘制，如图 4-42 所示。道路同样可以在绘制完成后通过属性栏修改材质、类别、厚度等属性，但道路宽度与偏心距最好在绘制前先修改。

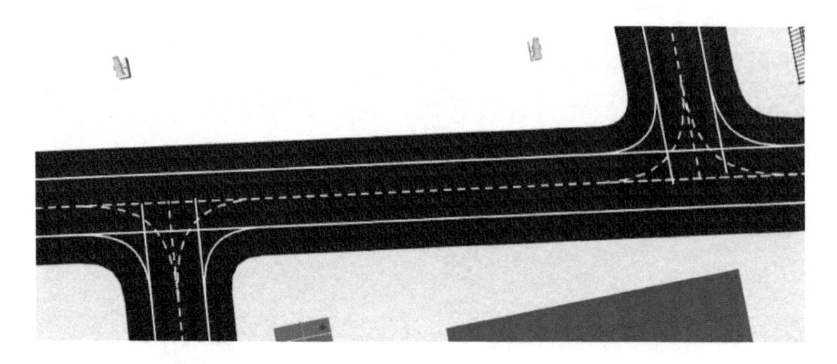

图 4-42　T 字形道路

② 洗车池

为了避免对社会道路造成污染，工程管理部门要求与社会道路接壤的标段施工出入口处设置洗车池，因此可以依附道路进行洗车池的绘制，如图 4-43 所示。在构件库中选择洗车池，软件提供点绘制和矩形绘制两种方式。可以选择点绘制，在施工道路上点击一下即可完成，放置后通过属性栏修改长度、宽度；也可以选择矩形绘制，直接按照所需尺寸绘制一个矩形，但是无论使用哪种绘制方式，深度和角度两个参数都只能在属性栏中调整。

③ 地磅

工地地磅主要用于对沙石、钢筋、混凝土等物料进行称重，本设计在施工出入口处设置尺寸为 3 m×12 m 的 100 吨电子地磅，如图 4-44 所示。地磅的绘制方式与员工通道相同，软件默认选择点绘制。如需旋转角度，可以放置后使用“旋转”命令对构件进行旋转，也可以选择旋转点的绘制方式，放置时直接确定插入点和角度。

(5) 施工区

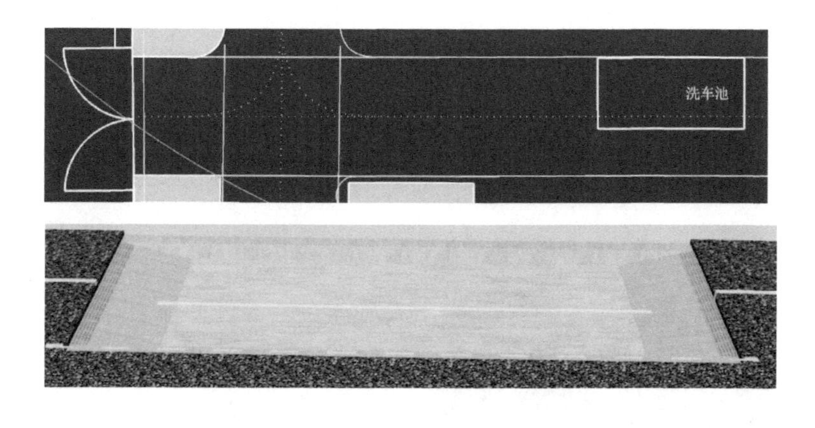

图 4-43 洗车池及其位置

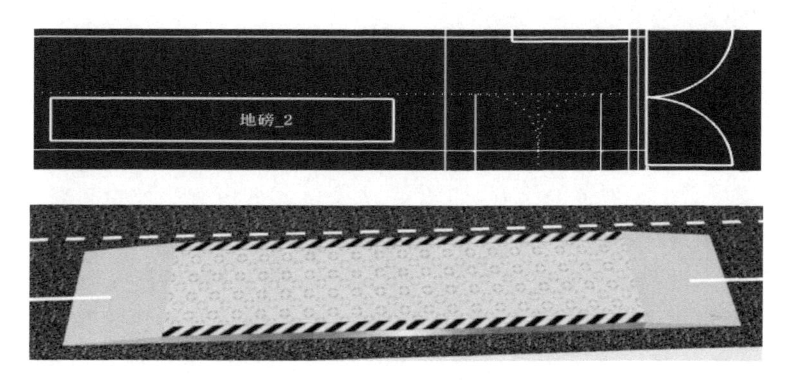

图 4-44 地磅及其位置

① 基坑

通过“开挖”命令设置基底标高即可对平面地形进行基坑开挖。本项目地下车库形状不规则，为方便施工，需自行调整为一个较为规整的四边形作为基坑形状，如图 4-45 所示。软件提供了五种绘制方式，分别为直线绘制、起点-终点-中点弧线绘制、起点-中点-终点弧线绘制、圆形绘制和矩形绘制，绘制出所需形状后点击右键即可结束绘制。在属性栏中可以修改基坑的底部标高与坡度，还可以通过修改底面坡度高、低二点高度形成底部斜坡。

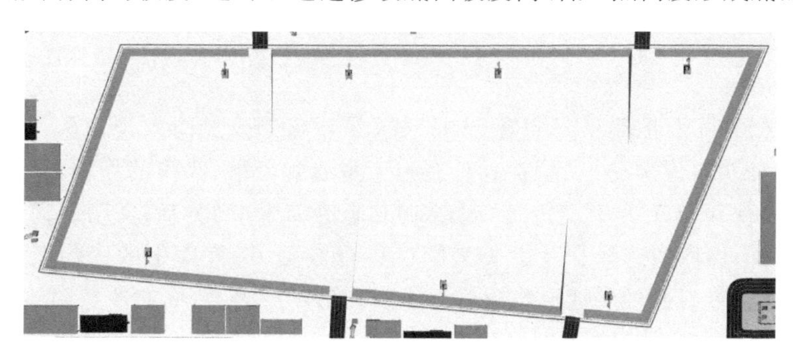

图 4-45 基坑

基坑开挖有三点需要注意：a. 基坑只存在于基础阶段，需要在属性栏中将施工阶段修改为基础阶段。b. 绘制的轮廓线为基坑底部的轮廓线，设计放坡时上部轮廓范围大于绘制的轮廓线范围，此时需要特别注意基坑上部是否超出地形，若地形范围小于基坑上部轮廓线，基坑是无法生成的。c. 基坑的边坡坡度可以分别设置，选择“ … ”即可在编辑界面为不同边坡分别设置不同的坡度，如图 4-46 所示。

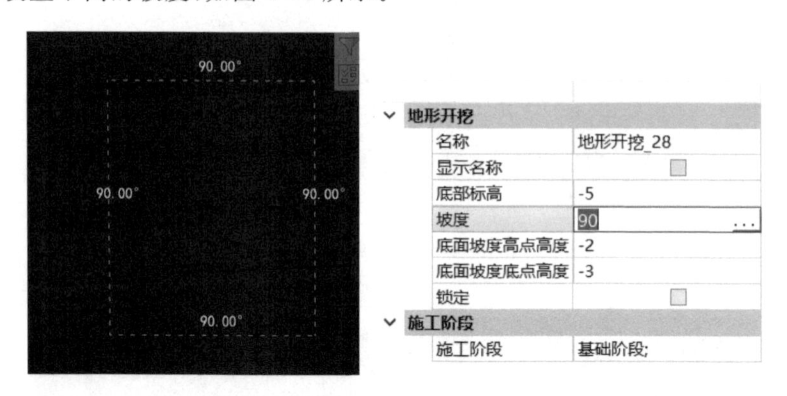

图 4-46　不同边坡坡度及施工阶段修改

基坑还需要进行出土坡道的绘制，如图 4-47 所示。坡道有三种绘制方法：第一种是在基坑围护中选择“坡道”命令，由坡道高点向低点方向绘制，然后在属性栏中修改坡道宽度、标高、起点及终点高度和放坡角度等参数。第二种是在构件库中选择楔形体，绘制时先确定坡道宽度，坡道方向由绘制方向决定，若从上到下绘制坡道宽度则楔形体左边为高点，其他方向同理。前两种都是在已有基坑中直接进行坡道绘制，第三种需要提前预留坡道位置，在空缺处再绘制一个开挖轮廓并对其进行底部斜坡设置，低点与基坑底部齐平，高点与地形表面齐平，即可形成坡道。

图 4-47　出土坡道

② 安全围栏

基坑防护栏实际上是建立在坑道上的护栏，保障施工人员的人身安全。本设计在距基坑边缘 0.5 m 处布置安全防护(图 4-48)，在施工中起到预警、隔离的作用，可以避免工人不慎跌落至基坑，保障施工的顺利进行，也能使工地更加干净、美观、文明。构件库中没有此类构件，可以在构件库中选择合适的安全围栏进行放置，构件库中的构件无法在放置时选择角度，可以在放置后通过属性栏修改放大比例和角度等参数，同时注意调整施工阶段。

③ 排水沟

施工场地排水沟的主要作用是将施工期间的雨水、生活用水以及生产用水有组织地排到场外，以保证施工场地范围内没有任何积水。为了达到这个目的，本设计在基坑外 2 m

处设置 600 mm 宽排水沟，明沟上布置铁篦子盖板(图 4-48)。软件内提供直线、弧线、矩形和圆形四种排水沟绘制方式，沿基坑形状绘制后右键结束。

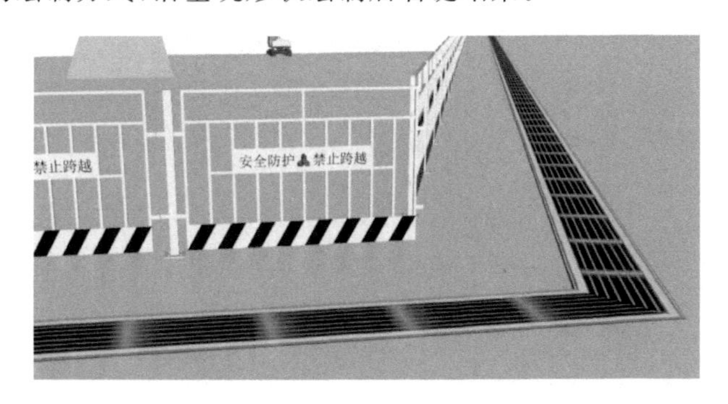

图 4-48　安全围栏与排水沟

④ 拟建建筑

软件对拟建建筑仅采用外轮廓线进行简单处理(图 4-49)，同时提供了多种外轮廓绘制方式，与基坑开挖的绘制方法大致相同。拟建建筑的指定端点数必须 3 个以上，绘制过程中若出现错误可按 U 键退回上一步。除手动绘制外，在导入 CAD 的情况下可以使用“识别拟建”功能，选择封闭的 CAD 拟建轮廓线，或选择拟建所在图层，快速生成拟建建筑。

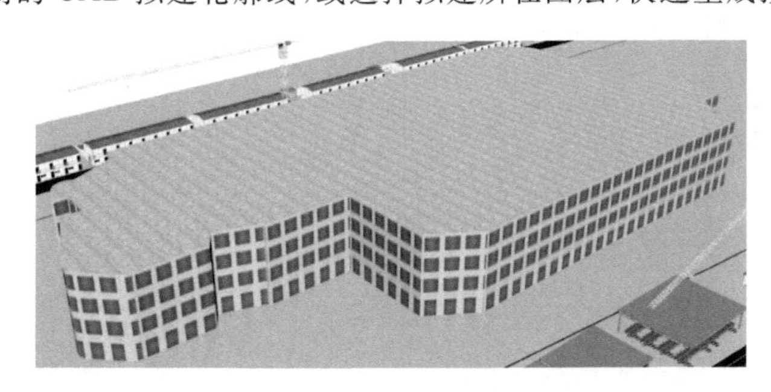

图 4-49　拟建建筑

⑤ 脚手架

脚手架是一种工作平台，如图 4-50 所示，本设计布置横距 100 mm 的脚手架用以确保各个施工工程的顺利进行，软件提供了智能布置与手动布置两种绘制方式。智能布置必须依附建筑，选中需要布置脚手架的拟建建筑，软件会根据拟建轮廓自动生成，在属性栏中简单修改部分参数即可得到想要的脚手架。手动布置可以不依附建筑物，使用直线或弧线绘制形状后选择方向即可。

⑥ 卸料平台

卸料平台(图 4-51)是施工现场经常搭设的临时性的操作台和操作架，一般用于材料周转。卸料平台通常位于脚手架外围，选择卸料平台，鼠标左键指定插入点，按右键终止或按 ESC 键即可。此时默认标高为 0，可以通过输入适当的数值调整底部标高完成卸料平台的放置。同时，卸料平台的长度与宽度、栏杆的材质与数量、围挡的材质与高度、底板材质、吊环数量、钢丝绳角度等参数也可以在属性栏修改。

⑦ 施工电梯

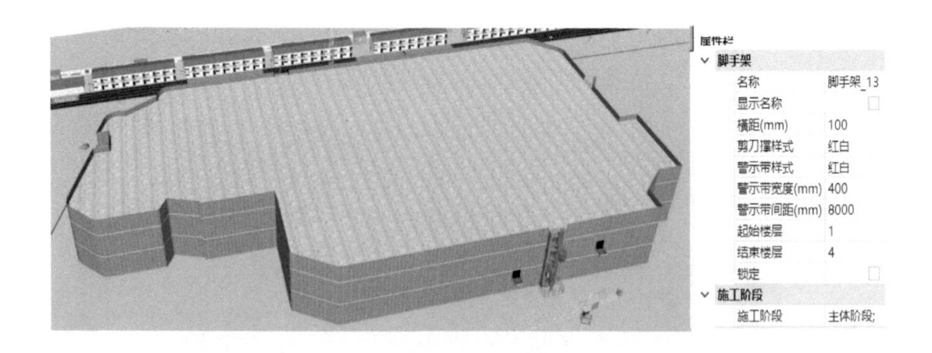

图 4-50　脚手架及其参数属性

施工电梯是建筑中用以载人载货的可升降施工机械。其绘制方法与卸料平台相同，鼠标左键指定插入点，按右键终止或按 ESC 键即可完成绘制。完成绘制后可以在属性栏中输入项目所选用的施工电梯规格与功率，还可以对电梯的层数、层高、附墙间距和底标高等参数修改。本设计选用功率为 20 kW 的 SC200/200 双笼施工升降机，如图 4-52 所示。

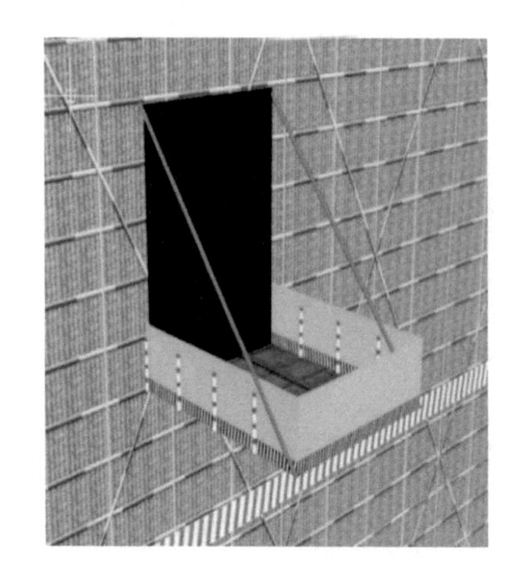

图 4-51　卸料平台

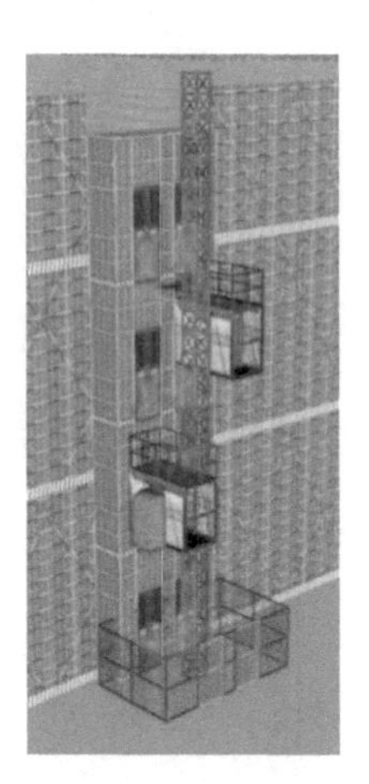

图 4-52　施工电梯及其参数属性

⑧ 装修外立面

装饰装修阶段拟建建筑外的脚手架拆除，仅保留施工电梯，此时可在构件库中选择装修外立面对拟建建筑的外立面进行装饰，以此表示此阶段为装修阶段。装修外立面的绘制方式与脚手架绘制基本一致，软件提供了直线绘制、弧线绘制和点绘制三种方法。直线绘制与弧线绘制为手动绘制方法，可以按照拟建建筑的外边缘线进行描绘，也可以不依附建筑。点绘制是自动绘制，选择拟建建筑后对装修外立面距建筑边线的距离进行设置(图 4-53)，即可自动生成。绘制完成后可以在属性栏中修改层高与层数等参数。此处有一个注意要点：软件自动生成的装修外立面显示为米白色瓷砖带窗户，与实际情况并不相符，可以通过两种方法进行修改。第一种方法如图 4-54 所示，可以通过修改外墙材质，自己寻找合适的材质贴图并对默认材质进行替换，从而实现外立面的修改。第二种方法如图 4-55 所示，可以将显示方式后的“ √ ”取消，取消后原本的“外墙材质”消失，更换为“颜色”和“透明度”。为求逼真，本设计将颜色设置为混凝土的灰色，将透明度设置为最大值 255。

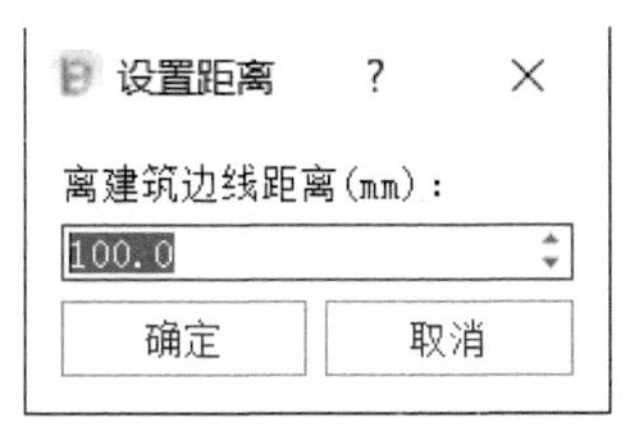

图 4-53　设置距离

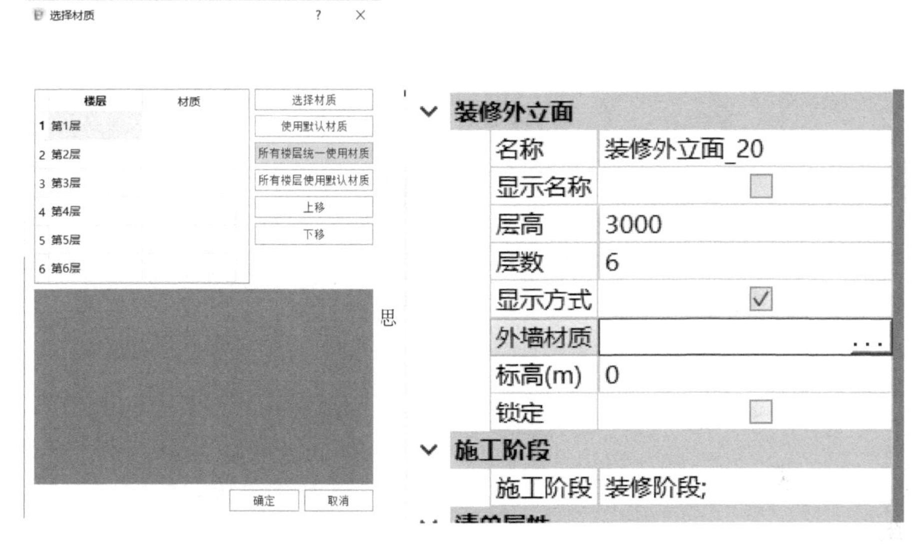

图 4-54　修改外墙材质

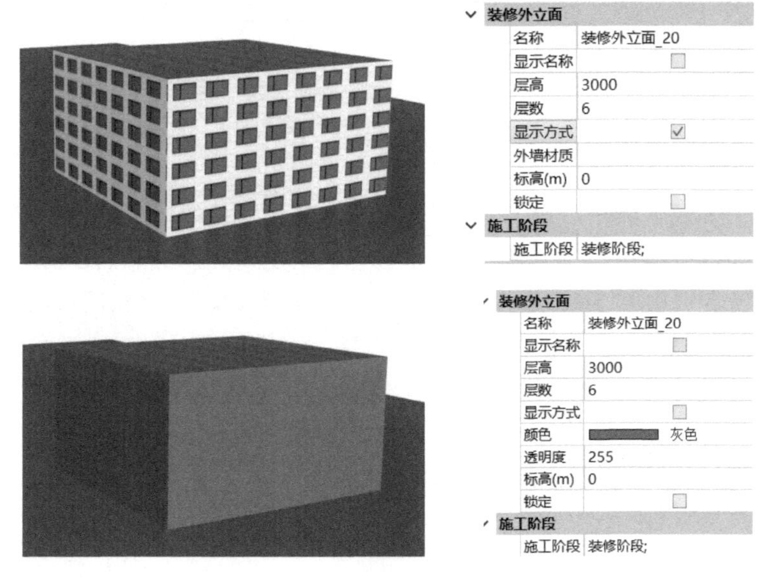

图 4-55　修改颜色和透明度

本设计修改后的装修外立面如图 4-56 所示。

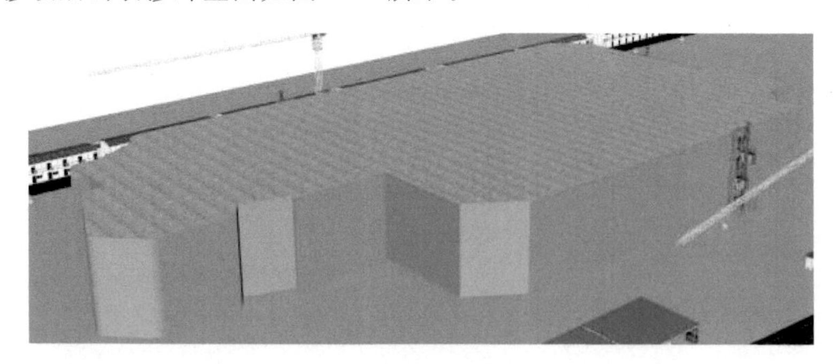

图 4-56　装修外立面

⑨ 塔吊

塔吊起重机主要用于物料的垂直输送和水平输送及建筑构件的安装，软件提供点和旋转点两种绘制方式。在构件库中选择塔吊，默认为点绘制，鼠标左键指定插入点，按右键终止或按 ESC 键即可完成绘制。选择旋转点绘制时，指定插入点后还需要再指定塔吊角度。绘制完成后可以在属性栏中修改其参数，包括塔吊类型、规格型号、功率、吊臂及后臂的长度、塔身高度、塔吊基础的尺寸及角度、吊臂角度以及塔吊颜色等。本设计选用功率为 23 kW 的 QTZ5010 的尖头塔吊(图 4-57)，在拟建周围以三角形布置 3 台。

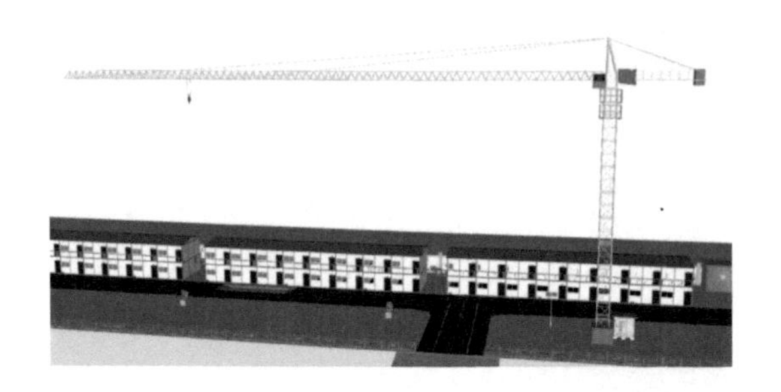

塔吊	
名称	塔吊_8
显示名称	
塔吊类型	尖头塔
规格型号	QTZ5010
功率(KW)	23
吊臂长度(mm)	70000
后臂长度(mm)	10000
塔身高度(mm)	30000
塔吊基础长度(mm)	2500
塔吊基础宽度(mm)	2500
塔吊基础高度(mm)	2000
塔吊基础角度	-2.16
吊臂角度	180
颜色	黄色

图 4-57　塔吊及其参数属性

⑩ 堆场

软件提供了如钢筋、原木、脚手架、模板等施工现场常见的材料堆场，可采用多种方式绘制。选择堆场，默认采用直线绘制方式，鼠标左键指定 3 个以上端点、绘制出想要的形状后单击右键终止即可完成绘制，也可以自行选择弧线绘制、矩形绘制、圆形绘制和点绘制方式来绘制堆场。若构件库中的材料不能满足需求，还可以在构件中获取更多的材料模型，构件库中的模型仅可以通过指定插入点完成放置。绘制堆场时需注意除点绘制外的其他方式绘制的堆场是以面积为单位，但是三维画面上仅显示一个材料堆，而点的方式绘制的堆场是以个为单位，可根据需求自由放置多个材料堆。出于画面美观考虑，本设计采用点绘制的方式进行放置，如图 4-58、图 4-59 和图 4-60 所示。

⑪ 加工棚

a. 防护棚。敞篷式临时房屋一般用作施工现场的加工棚，如图 4-61 所示。其绘制一般以矩形为主，在构件库中选择防护棚，依次指定矩形的第一点、长度方向点和宽度方向

图 4-58　基础阶段模板、脚手架、钢筋原材料以及钢筋半成品堆场

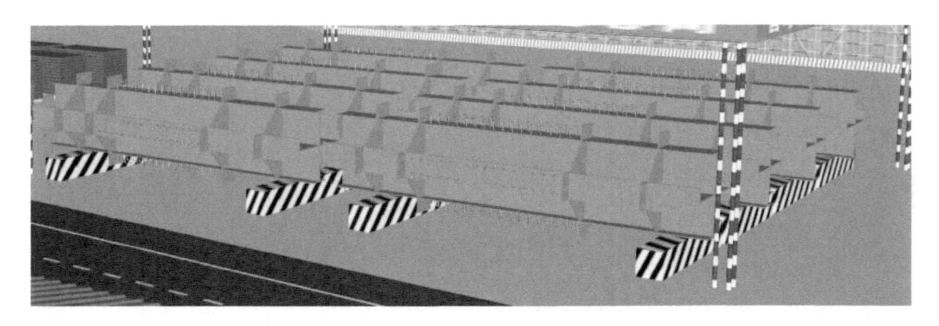

图 4-59　主体阶段钢结构堆场

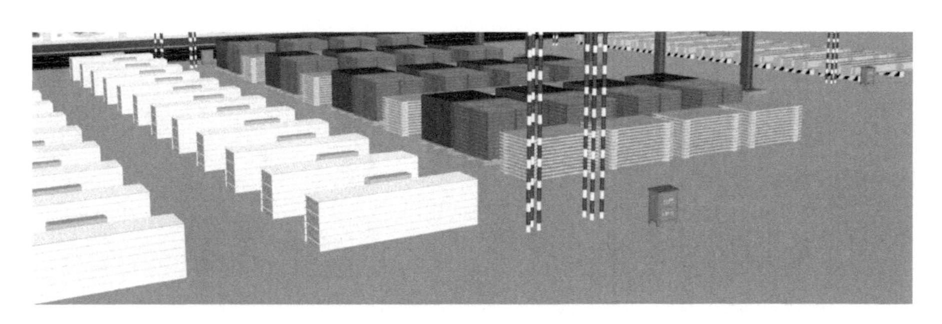

图 4-60　装修阶段幕墙堆场、装饰装修材料及二次结构料场

点，右键终止或按 ESC 键即可完成绘制。除此以外还有对角矩形和旋转矩形两种绘制方式。绘制完成后可以在属性栏中修改其基本参数，如防护棚尺寸、防护层材质、立柱的颜色、样式、纵横向个数、根数、直径和四面的标语图等。

b. 钢筋加工棚。钢筋加工棚是施工现场内对钢筋进行拉直、弯曲、焊接等加工作业的场地，如图 4-61 所示。构件库中未提供钢筋加工棚模型，本设计在构件库中寻找到合适的模型，构件放置后可以在属性栏中修改角度，若模型过大或过小，也可以修改放大比例使画面更美观。

⑫ 施工机械

软件提供了如汽车吊、挖掘机、推土机、压路机等二十种常用的施工机械，绘制方式与塔吊相同。在构件库中选择所需施工机械，默认为点绘制，鼠标左键指定插入点，右键终止或按 ESC 键即可完成绘制；选择旋转点绘制时，指定插入点后指定角度即可完成绘制。绘制完成后可以在属性栏中修改施工机械的放大比例，调整大小。图 4-62 至图 4-69 为本设计中放置的部分施工机械。

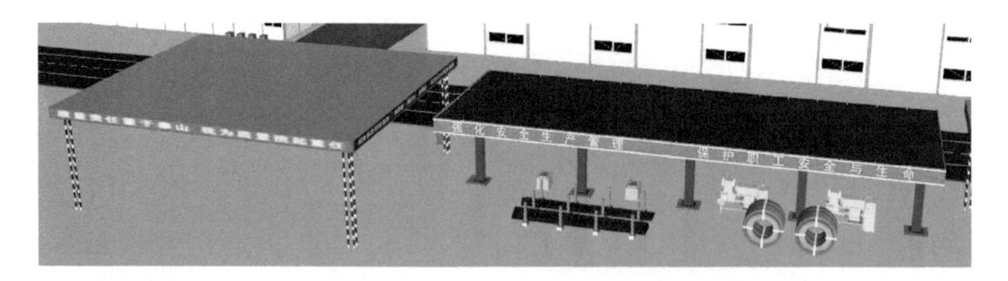

图 4-61　防护棚与钢筋加工棚

图 4-62　挖掘机

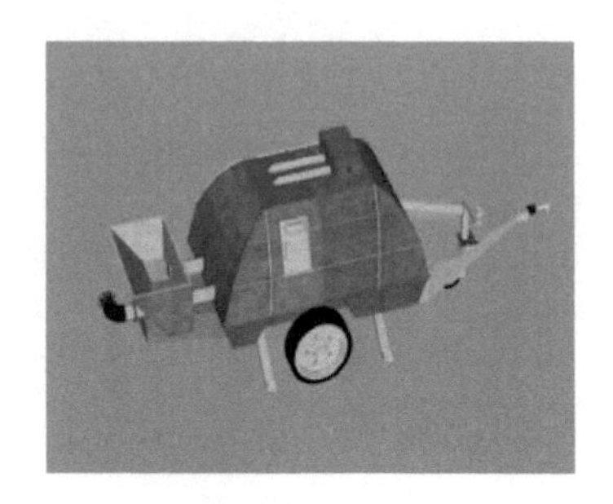

图 4-63　地泵

图 4-64　雾炮

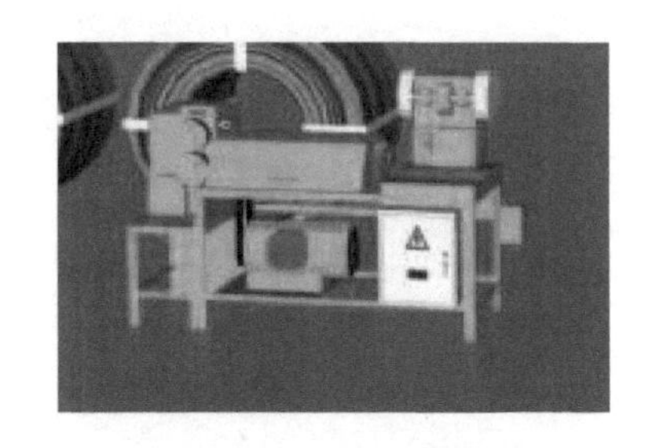

图 4-65　钢筋调直机

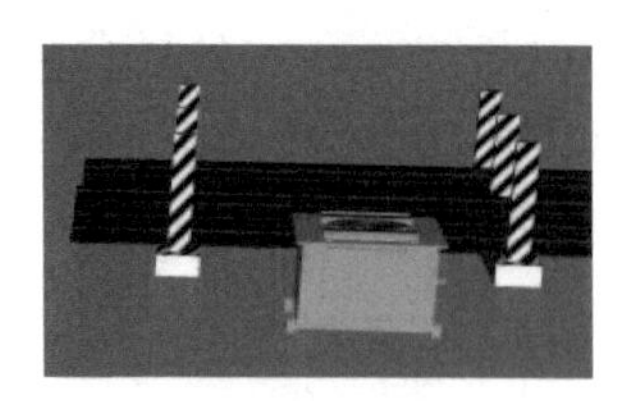

图 4-66　钢筋弯曲机

图 4-67　木工电锯

(6) 办公生活区

① 活动板房

活动板房构件可以用作施工现场常见的办公室、宿舍、食堂、仓库等临时房屋，如图 4-70 所示。活动板房的绘制方式为直线拖拽，在构件库中选择活动板房，鼠标左键指定起点，沿所需方向平移鼠标后指定终点，右键终止或按 ESC 键即可完成绘制。绘制完成后可通过属性栏对房间的开间、进深、间数、层数、高度、颜色方案、朝向、楼梯位置和屋顶形状等进行修改。

图 4-68　泵罐车与其他运输车辆

图 4-69　水泥罐与搅拌机

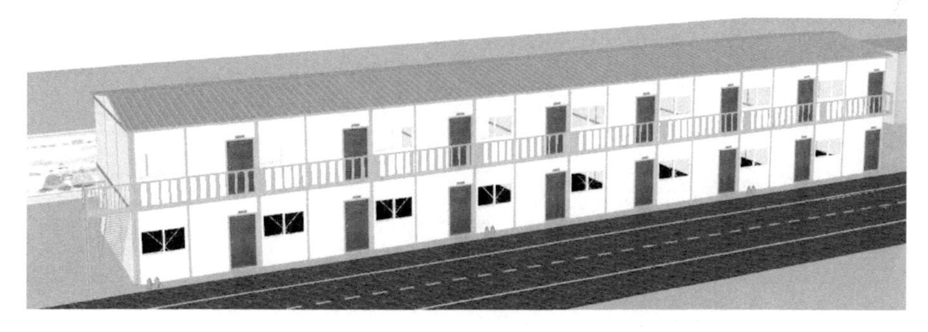

图 4-70　活动板房

② 封闭式临建

对于施工现场常见的厕所、淋浴间、开水房、吸烟室等房间，软件提供封闭式临建构件进行绘制，如图 4-71 所示。封闭式临建的绘制方式与防护棚相同，有长宽矩形、对角矩形和旋转矩形三种。绘制完成后可以通过属性栏对房间的开间、进深、层数、高度、屋顶形状、颜色方案和楼梯位置等进行修改。

③ 标识牌

标识牌(图 4-72)主要用来体现工地安全文明施工。软件提供直线绘制，鼠标左键指定插入点，拖动鼠标至指定位置，右键终止或按 ESC 键取消即可完成绘制。绘制完成后，可以在属性栏中对立柱高度、标牌高度、离地高度和横幅的宽度、高度与文字进行自由修改，还

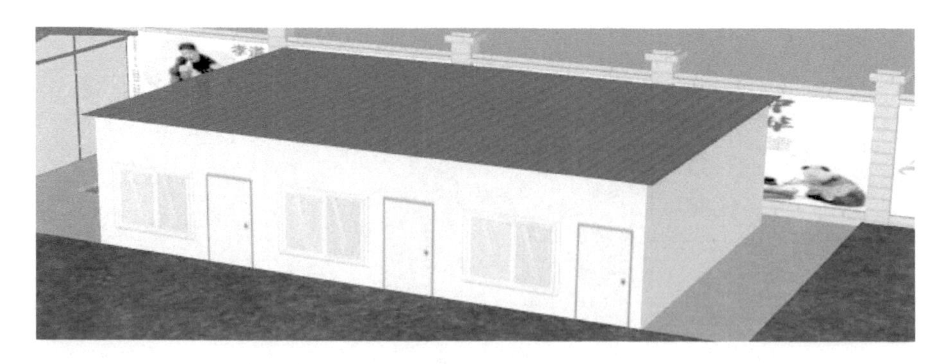

图 4-71　封闭式临建

可以点击选择图片后的“ … ”修改标牌的宽度与内容(图 4-73)，选择图片后点击修改，使用 png 格式图片替换原始图片即可完成修改。

图 4-72　标识牌

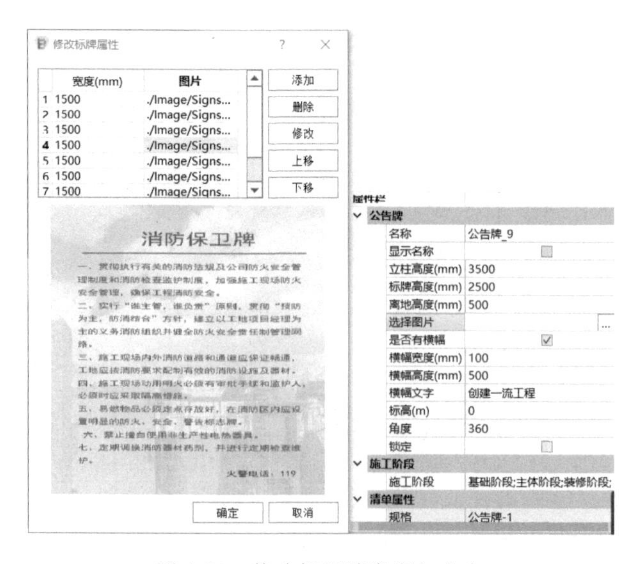

图 4-73　修改标识牌宽度与内容

④ 旗杆

工地旗杆如图 4-74 所示，一般是一组三支，中间的挂升旗，两边的可以悬挂建筑工地或建筑工程公司自己的旗帜,也可以挂安全旗。旗杆的绘制方式与施工机械相同,在构件库中选择旗杆,有点绘制和旋转点绘制两种可供选择。绘制完成后可以在属性栏中对旗台的截面形状与尺寸、旗杆根数与高度等参数进行修改。

⑤ 太阳能路灯

绿色施工需要节约能源和保护环境,因此本设计选用太阳能路灯(图 4-75)取代常规的公共电力照明。太阳能路灯稳定性好、寿命长、发光效率高,安装和维护方便、安全性能好、节能环保、经济实用,在阴雨天可以保证持续工作 15 天以上。在构件中选择太阳能路灯,放置后修改放大比例即可。

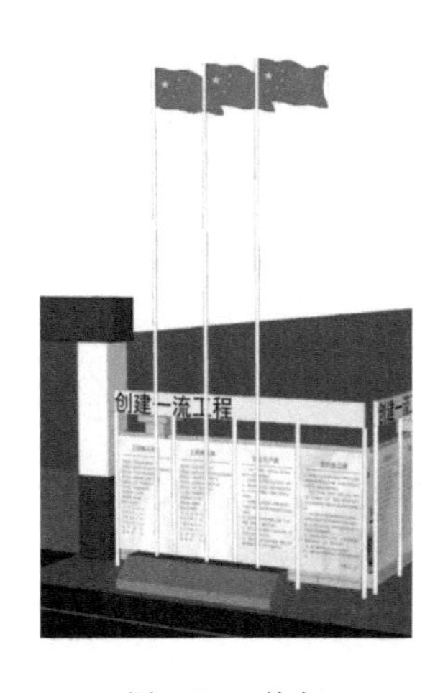

图 4-74　旗杆

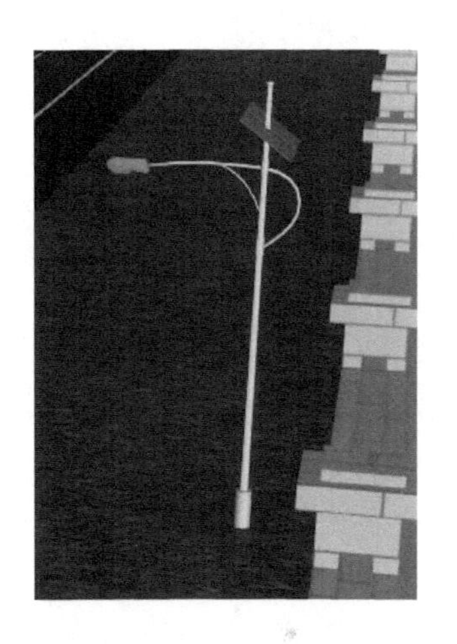

图 4-75　太阳能路灯

⑥ 停车场

停车场的绘制方式与活动板房相同,为直线拖拽,绘制完成后可通过属性栏对车位的长度、宽度、数量和角度进行修改。为了使画面美观,还可以在停车场放置一些车辆,本设计停车场如图 4-76 所示。

图 4-76　停车场

⑦ 休闲娱乐

生活区必须要有供建筑工人休闲娱乐的场所,本设计布置了篮球场和乒乓球桌(图 4-77),以保证工人的身心健康。绘制方式同施工机械,构件库中的模型有点和旋转点两种绘制方式，构件库中的模型仅可以使用点绘制，绘制完成后可以在属性栏中修改放大比例来调整模型大小。

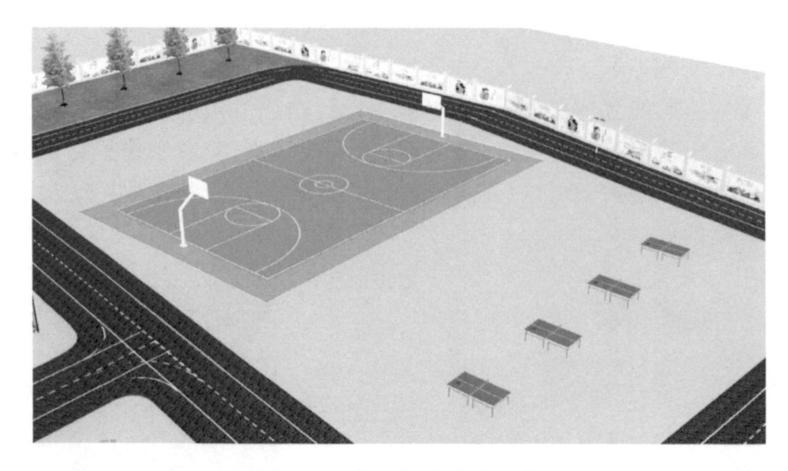

图 4-77　篮球场和乒乓球桌

⑧ 绿化

改善施工现场环境状况，营造绿色施工环境，施工现场的绿化也是非常重要的(图 4-78)。草坪是一个面域性构件，绘制方式与拟建建筑相同，直线、弧线、矩形、圆形都可以用来绘制草坪形状。

图 4-78　绿化与水泥

a. 树木。完成草坪绘制后可以在草地上放置树木，软件提供了树和树木两种构件。选择树，可以通过点和旋转点进行绘制。选择树木，可以通过直线、弧线、矩形、圆形绘制树林的轮廓，软件根据轮廓范围内面积大小自动生成树林，也可以通过点绘制放置单独的一棵树。除此以外还可以在构件库中载入其他种类的树木进行放置。绘制完成后可通过修改放大比例调整树木的大小。

b. 花草。软件提供点和旋转点两种花草的绘制方式，也可以从构件库载入其他品种，绘制完成后可以通过修改放大比例调整大小。

⑨ 水泥

水泥与草坪一样都是面域性构件，绘制方式也相同，描绘出形状即可。本设计将办公生活区的地面设置为水泥材质(图 4-78)。此处有一点需要注意:水泥的默认离地高度为 0.2 m,其他构件的默认底标高是 0 m,若不做修改,水泥绘制完成后会覆盖在如停车场、篮球场等贴着地面的构件上。此时需要减小水泥的离地高度,同时修改其他构件的底标高,使其大于水泥离地高度即可。

⑩ 安全体验区

安全体验区是工地施工方为工人安全教育打造的,通过对建筑工地上的各类安全隐患进行模拟,使体验者能够切身体会到不安全的操作行为所造成的危险。软件提供了十多种安全体验模型,也可以从构件库中载入其他模型,绘制方式均为点绘制,放置后可以在属性栏中修改放大比例和角度。本设计布置了安全帽体验、安全带体验、安全鞋体验、综合用电体验、爬梯体验、平衡木体验、操作平台倾倒体验、安全急救体验、墙体倾倒体验、消防体验、马道体验、VR 体验、镝灯展示架以及钢丝绳使用方法十四种安全体验,如图 4-79 所示。

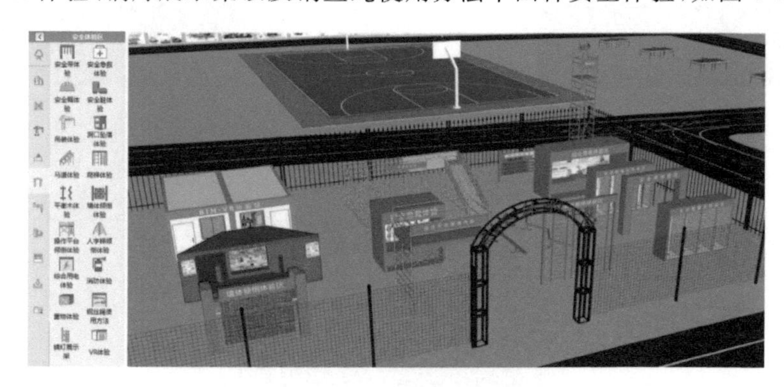

图 4-79　安全体验区

⑪ 样板展示区

质量样板展示区是根据施工单位的要求和标准制作,展示该项目所使用的材料及其质量、施工工艺、施工流程、技术水平和施工质量的区域。构件库中未提供样板展示模型,可以在构件库中自行选择需要的模型,绘制方法同上。本设计中布置屋面样板、砌体墙样板、墙钢筋样板、剪力墙样板、盘扣架样板和楼梯样板六种质量展示样板,如图 4-80 所示。

图 4-80　样板展示区

(7) 临水临电

① 消防设施

建筑施工现场由于易燃物较多、用火用电管理缺失、消防安全措施不到位、消防器材设施缺乏、消防通道堵塞以及施工人员流动性强、缺乏统一监管等原因，存在极大的火灾隐患。为了遏制安全生产事故的发生，应高度重视消防安全，故本设计布置了多种消防设置，如图 4-81、图 4-82、图 4-83 所示。绘制方法同上，放置后可通过属性栏修改其放大比例与角度。

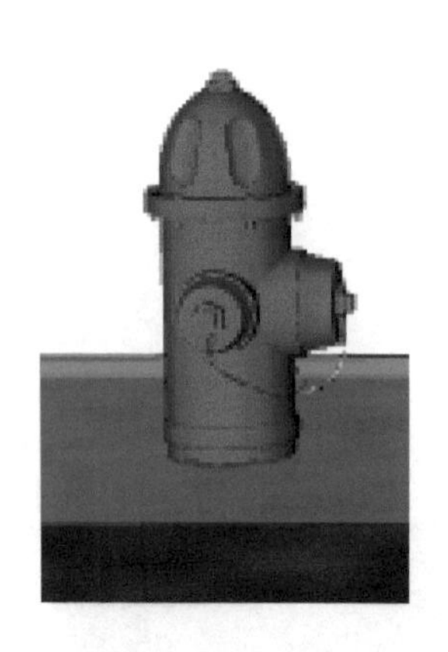

图 4-81 消防栓

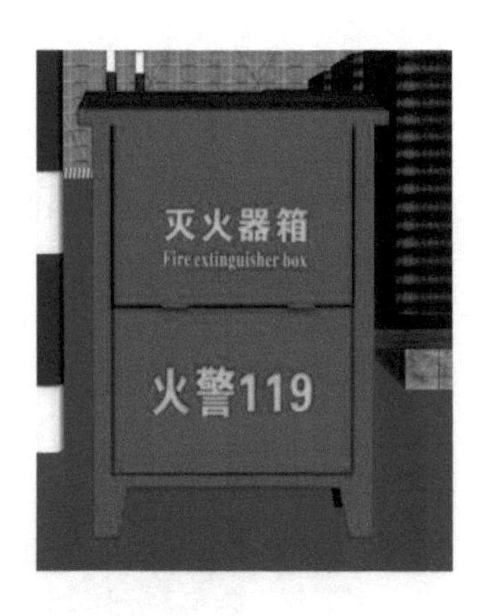

图 4-82 消防箱

图 4-83 消防架

② 变压器

在构件库中选择总降压变电站(图 4-84)，软件提供点和旋转点两种绘制方式。放置后可以在属性栏中对其进行修改，如开间、进深、层高、屋面板类型、屋顶类型和门的位置等。

③ 配电箱

在构件库中选择配电箱(图 4-85)，绘制方法同变压器。放置后可以在属性栏中对级别、开间、进深、层高、屋顶类型等进行修改。

④ 管道线路

供电电缆和水管的绘制方式相同，软件提供直线绘制与弧线绘制两种。完成绘制后，在属性栏中可以修改供电电缆的类型、规格、导管材质、半径与颜色以及起点和终点标高，也可以修改水管的系统类型，材质，管径规格，管道颜色，起点、终点标高。两种管道的默认颜色都是红色，为区分方便，本设计将水管颜色修改为蓝绿色。绘制时有两点需要注意：第一点是管道的标高应不等，否则会出现管线碰撞。第二点是水管绘制时可以串联也可以并

图 4-84　变压器

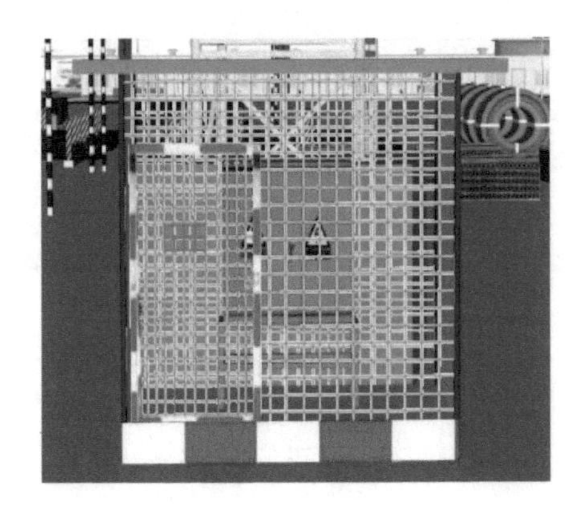

图 4-85　配电箱

联，电路必须并联。管道沿地下敷设，三维模型中无法直接看到，因此可以使用剖切功能，如图 4-86 所示。

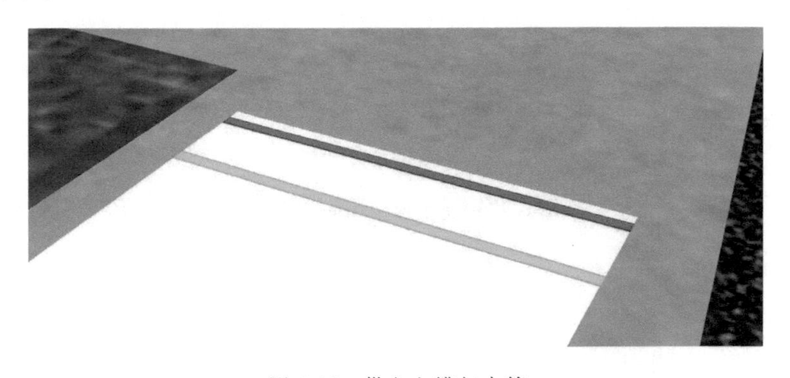

图 4-86　供电电缆与水管

4. 漫游动画制作

漫游动画是三维动画领域中至关重要的一环。建筑从施工图纸与效果图到动画漫游，从二维演示到三维漫游，展示效果越来越逼真形象。在漫游动画应用中，可以利用三维软件制作虚拟环境，以动态交互的方式对未来的建筑物进行观察。GCB 软件可以通过三维模型对施工场地进行可视化布置设计，根据实际施工过程制作虚拟施工的动画，从而通过路线漫游实现对本项目施工现场布置身临其境般地全方位展示。具体操作流程如下：

（1）如图 4-87 所示，通过虚拟施工功能，为拟建建筑与施工机械等构件添加施工动画。如为塔吊添加旋转动画，为拟建建筑添加自下而上建造动画，为脚手架添加建造与拆除动画，为运输车辆添加平移动画等。

图 4-87　添加虚拟施工动画

（2）根据工期对动画的开始日期、结束日期以及持续天数进行修改，这里只需修改其中两个数值，修改后剩下一个会自动改正。针对塔吊旋转动画，还要根据材料堆场的位置修改塔吊的旋转角度。

（3）对于需要进行相同动画设置的多个构件，可以使用动画刷功能，先选择已添加动画的构件，点击动画刷后选择尚未添加动画的构件，右键确认即可。如施工电梯和脚手架，以及同一高度的卸料平台，都可以先设置其中一个构件的动画，再使用动画刷功能复制动画。

（4）动画全部设置完成后点击预览观看虚拟施工动画，若动画存在错误，及时修改。

（5）通过视频录制功能，根据需要制作任意角度的场地漫游动画。使用路线漫游可以模拟真人视角，使用关键帧动画可以实现鸟瞰视角。

① 选择路线漫游，如图 4-88 所示，在画面中绘制路线，绘制结束后单击右键即可完成。

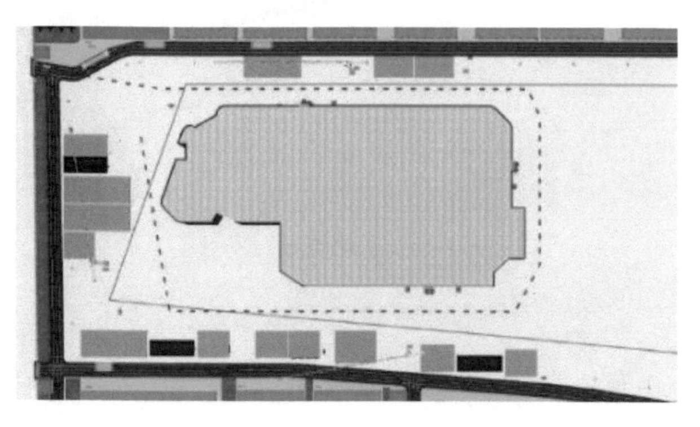

图 4-88　绘制漫游路线

② 选择关键帧动画如图 4-89 所示，制作分为四步：第一步移动关键帧指针，第二步调整出想要的画面，第三步移动工期指针，第四步添加关键帧，重复上述步骤至最后一帧即可，软件会平滑地从上一帧转换到下一帧生成动画。

图 4-89　添加关键帧

(6) 预览动画，检查场地布置有无不合理之处。例如，施工过程中是否存在碰撞问题、道路是否过于狭窄致使车辆行驶不便，又或是建模过程中是否存在构件底标高过低导致显示不完整、当前阶段中是否存在不属于该阶段的构件等。发现问题应返回绘图区修改，修改完成后再次预览动画检查。

(7) 视频制作完成后，可以自由选择存储路径和分辨率(图 4-90)完成视频导出。

图 4-90　选择存储路径和分辨率

5. 二维图纸出图

BIM 可出图，在模型创建完成后就可以通过建模软件导出二维平面图纸。传统的二维图纸由人工绘制，不仅在表达上有着先天的缺陷，为了使图纸准确，要耗费大量的时间和精力，通过传统方法必须多专业协同，实现“全专业拍图”，并且反复校审，才能基本实现比较准确的图纸。引入 BIM 技术后根据图纸建立三维模型，建模过程中多专业协同工作、随时沟通可以迅速发现大部分图纸问题，及时反馈修正，从而实现精确设计的表达，提高图纸的准确率。GCB 软件支持 DWG 图纸的导出，同时也提供了一些二维图示辅助出图，具体方法如下：

(1) 如图 4-91 所示，选择需要出图的施工阶段，为图纸添加图框、图例、指北针等图示。注意根据图纸大小修改图框倍数与其他图示尺寸，根据图纸内容选择所需图例，同时根据项目信息修改标题栏内容。

(2) 在“成果输出”中选择 DWG，导出图纸。

(3) 修改导出图纸。

① 平面中有些内容是不需要显示在图纸上的，如车辆的平移路径、场地的平面地形等，

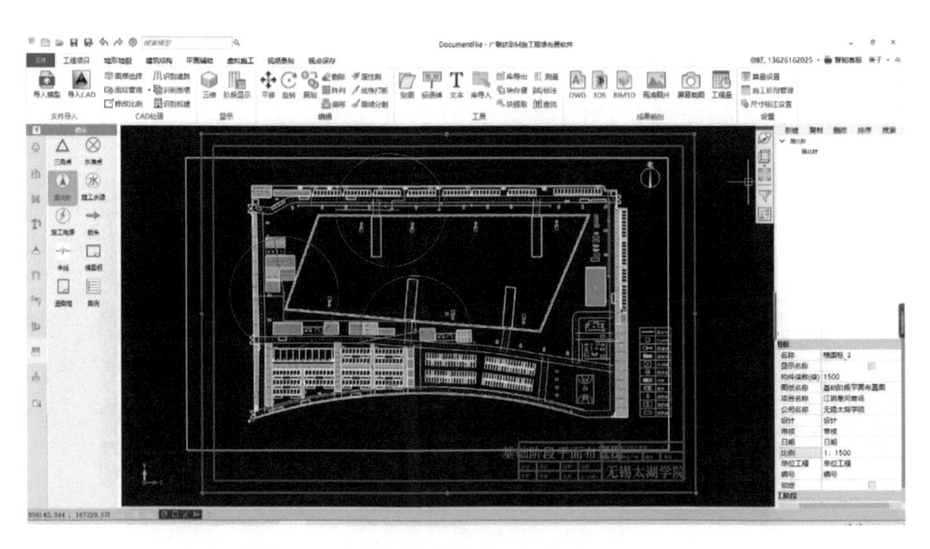

图 4-91　添加二维图示

需要在 CAD 中将其删除。

② 从构件库载入的一些构件，其平面显示位置与三维显示位置有出入，出于对可视化效果的考虑，本设计按照构件的三维位置进行布置，因此平面上显示比较杂乱，需要再次修改。

③ 软件可以直接勾选显示构件名称，但有些与常见图纸的标注习惯不同，可以在 CAD 中重新标注。

④ 构件库中载入的构件无法生成图例，需要手动添加。

6. 临时设施数量表导出

BIM 模型作为一个富含工程信息的数据库，能为工程项目造价管理提供准确的工程量数据。基于这些数据信息，计算机可快速地对这些构件进行统计分析，大幅度减少了烦琐的人工操作和潜在错误，实现了工程量信息与设计文件的统一。通过 BIM 所获得准确的工程量统计，可以为设计前期的成本估算、方案比选、成本比较，以及开工前预算和竣工后决算提供依据。如图 4-92 所示，建模完成后可通过成果输出功能导出场地布置中临时设施的数量统计表。

（三）施工现场布置成果展示

1. 三维模型图片

基础阶段、主体阶段、装修阶段三维模型如图 4-93 至图 4-95 所示。

2. 施工现场 CAD 平面布置图纸

基础阶段、主体阶段、装修阶段与施工现场临时用电、用水平面布置图如图 4-96 至图 4-100 所示。

3. 临时设施数量表

基础阶段临时设施数量见表 4-3，主体阶段临时设施数量见表 4-4，装修阶段临时设施数量见表 4-5。

查看工程量

汇总表

构件	材质	规格	单位	数量	单价	总价
钢筋弯曲机		钢筋弯曲机-1	台	6.000	0.000	0.00
木工电锯		木工电锯-1	台	3.000	0.000	0.00
围墙	其他材质	围墙-1	米	1489.835	0.000	0.00
路口	沥青	路口-1	平方米	496.915	0.000	0.00
幕墙材料堆场		幕墙材料堆场-1	个	52.000	0.000	0.00
装饰材料堆场		装饰材料堆场-1	个	57.000	0.000	0.00
地泵		地泵-1	台	4.000	0.000	0.00
大门	铁门	大门-1	樘	4.000	0.000	0.00
消防箱		消防箱-1	个	67.000	0.000	0.00
旗杆		旗杆-1	个	3.000	0.000	0.00
水泥罐		水泥罐-1	台	3.000	0.000	0.00
水泥		水泥-1	平方米	36087.071	0.000	0.00
泵罐车		泵罐车-1	台	2.000	0.000	0.00
草坪		草坪-1	平方米	7105.543	0.000	0.00
停车坪		停车坪-1	位	144.000	0.000	0.00
配电箱		配电箱-1	台	10.000	0.000	0.00
线性道路	沥青	线性道路-1	平方米	17699.875	0.000	0.00
脚手架堆		脚手架堆-1	个	32.000	0.000	0.00

基础阶段　主体阶段　装修阶段　总计

打印　导出到Excel　关闭

图 4-92　导出临时设施数量统计表

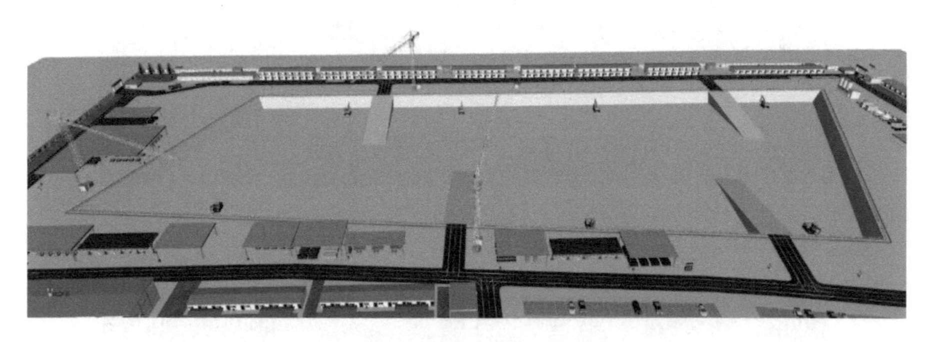

图 4-93　基础阶段三维模型

图 4-94　主体阶段三维模型

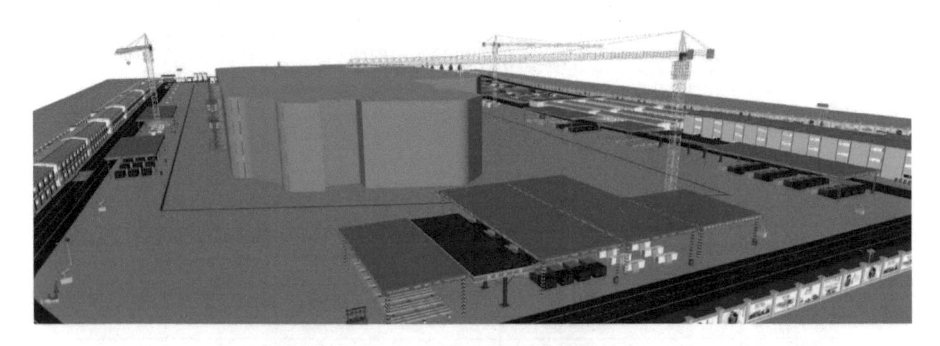

图 4-95　装修阶段三维模型

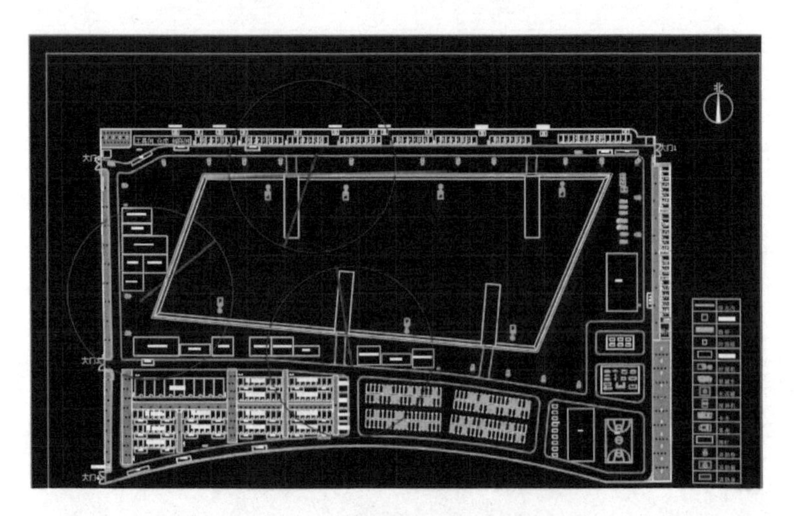

图 4-96　基础阶段平面布置图

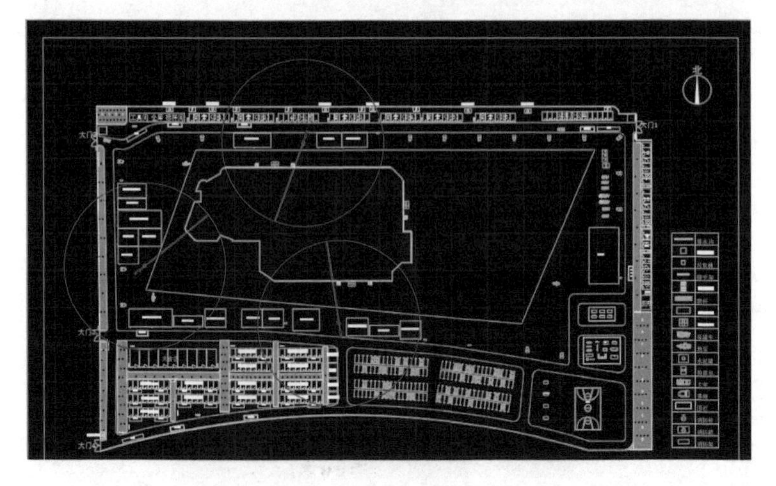

图 4-97　主体阶段平面布置图

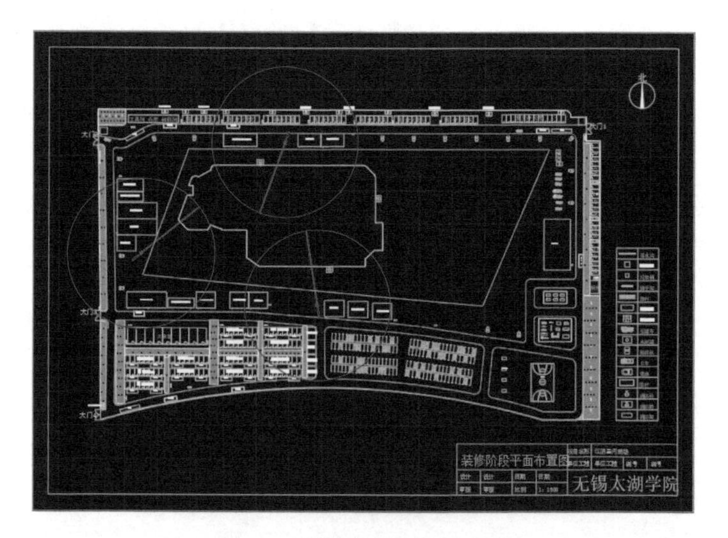

图 4-98　装修阶段平面布置图

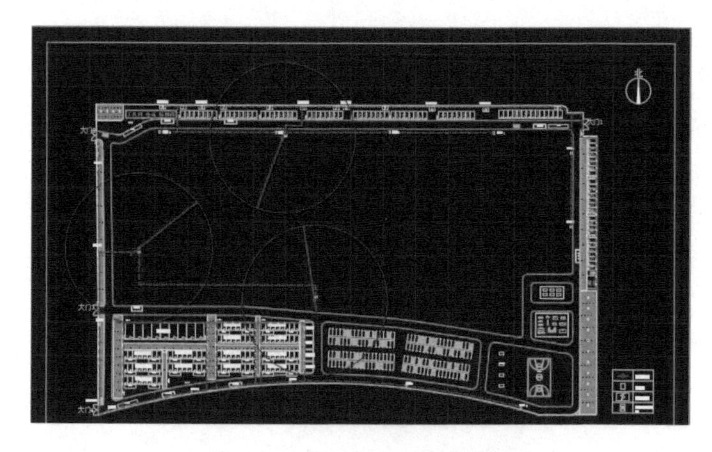

图 4-99　临时用电平面布置图

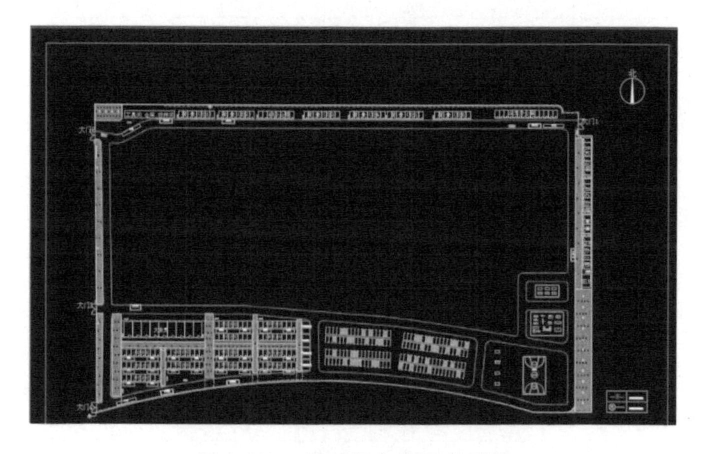

图 4-100　临时用水平面布置图

表 4-3　基础阶段临时设施数量表

构件	材质	规格单位	数量
钢筋弯曲机汇总		台	6
木工电锯汇总		台	3
围墙汇总	其他材质	m	1 489.84
路口汇总	沥青	m^2	2 100.13
大门汇总	铁门	樘	4
消防箱汇总		个	63
旗杆汇总		个	3
水泥罐汇总		台	3
水泥汇总		m^2	36 087.07
泵罐车汇总		台	2
草坪汇总		m^2	7 105.54
停车场汇总		位	144
配电箱汇总		台	10
线性道路汇总	沥青	m^2	17 699.88
脚手架堆汇总		个	20
化粪池汇总		个	1
供电电缆汇总		m	2 543.63
乒乓球桌汇总		个	4
卡车 1 汇总		辆	2
垃圾桶汇总		个	20
砌体墙样板汇总		个	1
墙砌体样板汇总		个	1
墙钢筋模型汇总		个	1
太阳能路灯汇总		个	14
安全体验区大门及围栏汇总		个	1
安全防护汇总		个	461
屋面样板汇总		个	1
工人 2 汇总		个	1

表 4-3(续)

构件	材质	规格单位	数量
工人 4 汇总		个	1
木方堆场汇总		个	10
楼梯样板 1 汇总		个	1
模板堆场汇总		个	5
消防栓汇总		个	86
盘扣架样板汇总		个	1
货车 3 汇总		辆	1
轿车 1 汇总		辆	3
轿车 2 汇总		辆	7
轿车 3 汇总		辆	8
轿车 6 汇总		辆	8
运输车汇总		辆	2
钢筋加工棚 1 汇总		个	3
钢筋半成品堆场汇总		个	14
铁艺围栏汇总		个	26
钢筋汇总		个	48
钢筋调直机汇总		台	6
塔吊汇总		台	3
挖掘机汇总		台	7
洗车池汇总		个	7
水管汇总		m	1 395.10
原木汇总		根	3
晾衣棚汇总		个	22
安全带体验汇总		个	1
安全急救体验汇总		个	1
安全帽体验汇总		个	2
门卫岗亭汇总		间	3
操作平台倾倒体验汇总		个	1
茶烟亭汇总		间	1
封闭式临时建筑汇总		m^2	779.93
镝灯展示架汇总		个	1
钢丝绳使用方法汇总		种	1
排水沟汇总		m	953.75

表 4-3(续)

构件	材质	规格单位	数量
卡车汇总		辆	2
轿车汇总		辆	15
篮球场汇总		个	1
马道体验汇总		个	1
搅拌机汇总		台	1
防护棚汇总		个	13
爬梯体验汇总		个	1
平衡木体验汇总		个	1
活动板房汇总		m^2	7 241.08
墙体倾倒体验汇总		个	1
公告牌汇总		组	3
员工通道汇总		组	2
总降压变电站汇总		间	7
VR 体验汇总		个	1
楔形体汇总		个	4
地磅汇总		台	3
雾炮汇总		台	20
消防架汇总		个	5
消防体验汇总		个	1
综合用电体验汇总		个	1
树木汇总		m^2	0.01

表 4-4　主体阶段临时设施数量表

构件	材质	规格单位	数量
钢筋弯曲机汇总		台	6
围墙汇总	其他材质	m	1 489.84
路口汇总	沥青	m^2	1 605.64
地泵汇总		台	4
大门汇总	铁门	樘	4
消防箱汇总		个	67
旗杆汇总		个	3
水泥罐汇总		台	3
水泥汇总		m^2	36 087.07
泵罐车汇总		台	2
草坪汇总		m^2	7 105.54
停车场汇总		位	144

表 4-4(续)

构件	材质	规格单位	数量
配电箱汇总		台	10
线性道路汇总	沥青	m^2	16 879.39
脚手架堆汇总		个	32
化粪池汇总		个	1
供电电缆汇总		m	2 543.63
乒乓球桌汇总		个	4
卡车 1 汇总		辆	2
垃圾桶汇总		个	20
砌体墙样板汇总		个	1
墙砌体样板汇总		个	1
墙钢筋模型汇总		个	1
太阳能路灯汇总		个	14
安全体验区大门及围栏汇总		个	1
屋面样板汇总		个	1
工人 2 汇总		个	1
工人 4 汇总		个	1
楼梯样板 1 汇总		个	1
模板堆场汇总		个	14
消防栓汇总		个	86
盘扣架样板汇总		个	1
货车 3 汇总		辆	1
轿车 1 汇总		辆	3
轿车 2 汇总		辆	7
轿车 3 汇总		辆	8
轿车 6 汇总		辆	8
运输车汇总		辆	2
钢筋加工棚 1 汇总		个	3
钢筋半成品堆场汇总		个	22
钢结构堆场汇总		个	15
铁艺围栏汇总		个	26
钢筋汇总		个	48
钢筋调直机汇总		台	6
塔吊汇总		台	3
洗车池汇总		个	7
水管汇总		m	1 395.10
晾衣棚汇总		个	22

表 4-4(续)

构件	材质	规格单位	数量
安全带体验汇总		个	1
安全急救体验汇总		个	1
安全帽体验汇总		个	2
门卫岗亭汇总		间	3
操作平台倾倒体验汇总		个	1
茶烟亭汇总		间	1
封闭式临时建筑汇总		m^2	779.93
施工电梯汇总		台	3
镝灯展示架汇总		个	1
拟建建筑汇总		栋	1
钢丝绳使用方法汇总		种	1
排水沟汇总		m	953.75
卡车汇总		辆	2
轿车汇总		辆	15
篮球场汇总		个	1
马道体验汇总		个	1
搅拌机汇总		台	1
防护棚汇总		个	16
爬梯体验汇总		个	1
平衡木体验汇总		个	1
活动板房汇总		m^2	7 241.08
墙体倾倒体验汇总		个	1
公告牌汇总		组	3
员工通道汇总		组	2
总降压变电站汇总		间	7
VR 体验汇总		个	1
脚手架汇总		m	557.34
地磅汇总		台	3
雾炮汇总		台	18
消防架汇总		个	5
消防体验汇总		个	1
卸料平台汇总		个	5
综合用电体验汇总		个	1
树木汇总		m^2	0.01

表 4-5　装修阶段临时设施数量表

构件	材质	规格单位	数量
围墙汇总	其他材质	m^2	1 489.84
路口汇总	沥青	m^2	1 605.64
幕墙材料堆场汇总		个	52
装饰材料堆场汇总		个	57
大门汇总	铁门	樘	4
消防箱汇总		个	67
旗杆汇总		个	3
水泥罐汇总		台	3
水泥汇总		m^2	36 087.07
泵罐车汇总		辆	2
草坪汇总		m^2	7 105.54
停车场汇总		位	144
配电箱汇总		台	10
线性道路汇总	沥青	m^2	16 879.39
化粪池汇总		个	1
供电电缆汇总		m	2 543.63
乒乓球桌汇总		个	4
卡车 1 汇总		辆	2
垃圾桶汇总		个	20
墙钢筋模型汇总		个	1
太阳能路灯汇总		个	14
砌体墙样板汇总		个	1
墙砌体样板汇总		个	1
安全体验区大门及围栏汇总		个	1
屋面样板汇总		个	1
工人 2 汇总		个	1
工人 4 汇总		个	1
料场(钢结构)汇总		个	31.00
楼梯样板 1 汇总		个	1
消防栓汇总		个	86
盘扣架样板汇总		个	1
砌体堆场汇总		个	3
装饰堆场汇总		个	57
货车 3 汇总		辆	1
轿车 1 汇总		辆	3
轿车 2 汇总		辆	7

表 4-5(续)

构件	材质	规格单位	数量
轿车 3 汇总		辆	8
轿车 6 汇总		辆	8
运输车汇总		辆	2
钢筋加工棚 1 汇总		个	2
铁艺围栏汇总		个	26
塔吊汇总		台	3
水管汇总		m	1 395.10
晾衣棚汇总		个	22
安全带体验汇总		个	1
安全急救体验汇总		个	1
安全帽体验汇总		个	2
门卫岗亭汇总		间	3
操作平台倾倒体验汇总		个	1
茶烟亭汇总		间	1
封闭式临时建筑汇总		m^2	779.93
施工电梯汇总		台	3
装修外立面汇总		m^2	0
镝灯展示架汇总		个	1
拟建建筑汇总		栋	1
钢丝绳使用方法汇总		个	1
排水沟汇总		m	953.75
卡车汇总		辆	2
轿车汇总		辆	15
篮球场汇总		个	1
马道体验汇总		个	1
搅拌机汇总		台	1
防护棚汇总		个	14
爬梯体验汇总		个	1
平衡木体验汇总		个	1
活动板房汇总		m^2	7 241.08
墙体倾倒体验汇总		个	1
公告牌汇总		组	3
员工通道汇总		组	2
总降压变电站汇总		间	7
VR 体验汇总		个	1
地磅汇总		台	3

表 4-5(续)

构件	材质	规格单位	数量
雾炮汇总		台	18
消防架汇总		个	5
消防体验汇总		个	1
综合用电体验汇总		个	1
树木汇总		m^2	0.01

第四节　BIM 工程成本管理

一、BIM 工程成本建模

1. 建模总思路

分析图纸⟶新建工程⟶分割图纸⟶绘制基础⟶绘制竖向构件⟶绘制梁、板、楼梯⟶绘制屋面钢结构⟶绘制二次构件(砌体墙、构造柱、圈梁等)⟶绘制门窗⟶校核云检查⟶套清单汇总工程量。

在建立模型的过程中使用软件套用定额，清单绘制，并在完成后进行分析，为了方便在建立模型过程中使用识别图纸的方法，然后与图纸进行核对，使建模时间减少。

2. 楼层建立

建立楼层时观察图纸中的楼层表，如图 4-101 所示，将数据输入楼层设置。在这个过程中需同时注意每个构件的混凝土强度，进行修改。

楼层名称	层高/m	底标高/m
屋面	3.2	20.35
四层	5.1	15.25
三层	5.1	1015
二层	5.1	5.05
首层	6.05	-1
基础层	4.5	-5.5

图 4-101　楼层信息表

3. 建立轴网

根据开间与进深确定轴网，在建立轴网前首先分割图纸，然后选其中一张图纸进行轴网识别，并进行检查，如图 4-102 所示。

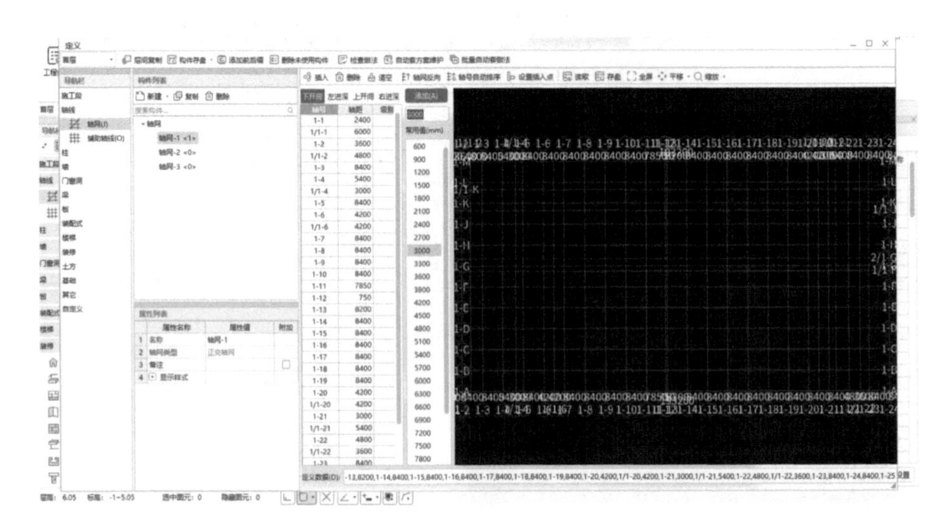

图 4-102　轴网建立图

4. 建立基础

首先建立参数化基础，确定基础形状，输入钢筋属性等基本信息，并输入混凝土信息。然后在轴网上进行点选建立，如图 4-103 所示。

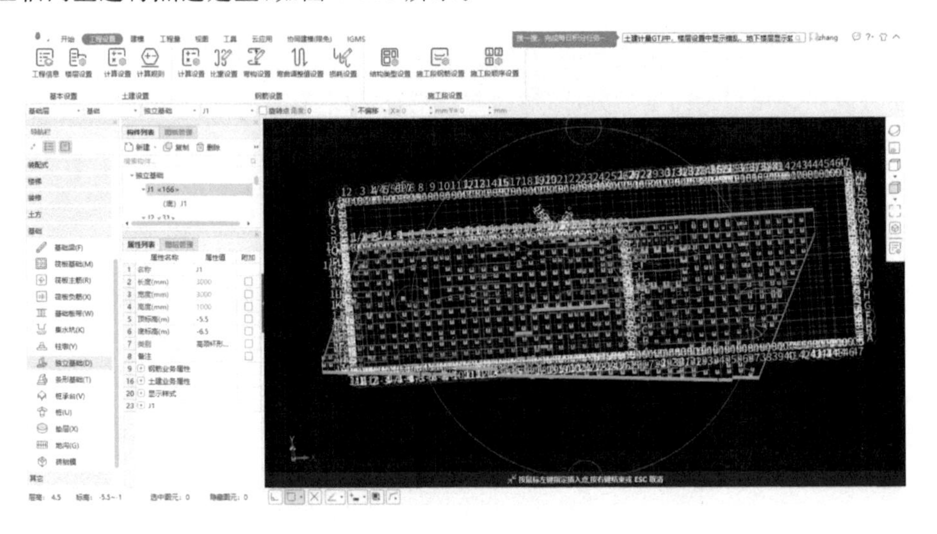

图 4-103　基础布置图

5. 柱、梁、板建立

双击新建框架柱、框架梁和板，根据图纸布置，如图 4-104 和图 4-105 所示。

6. 其他构件以及装饰建立

绘制楼梯、台阶、楼地面、踢脚、墙面、天棚等，如图 4-106 至图 4-108 所示。

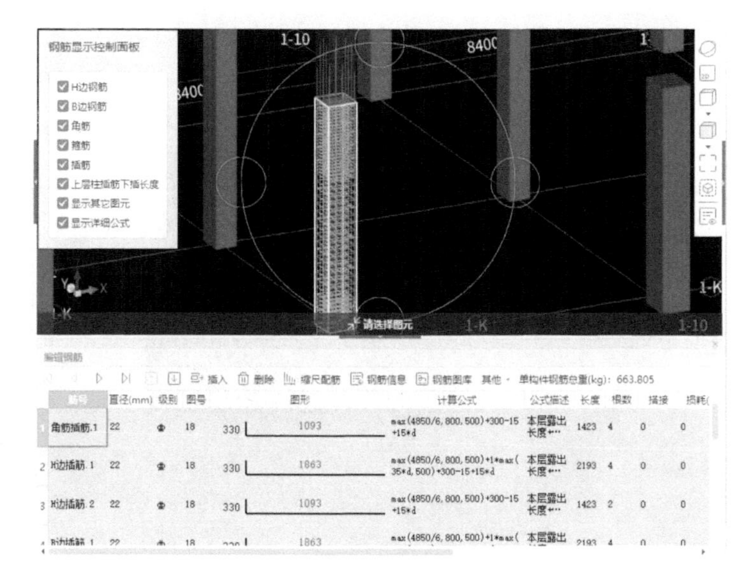

图 4-104　柱布置图

图 4-105　梁钢筋示意图

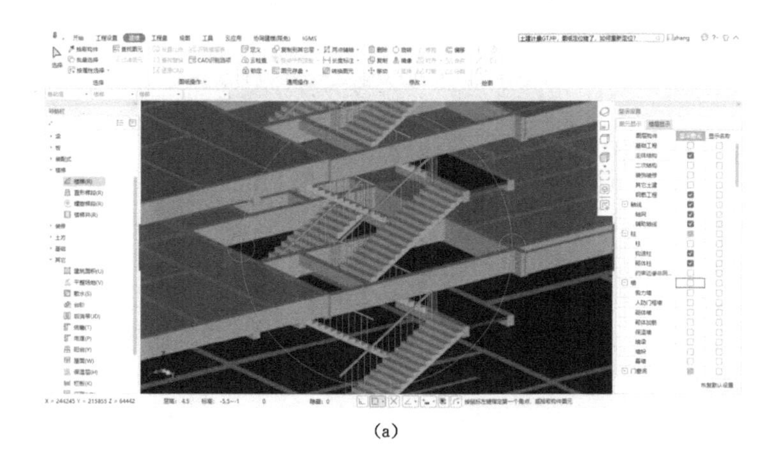

(a)

图 4-106　楼梯绘制图

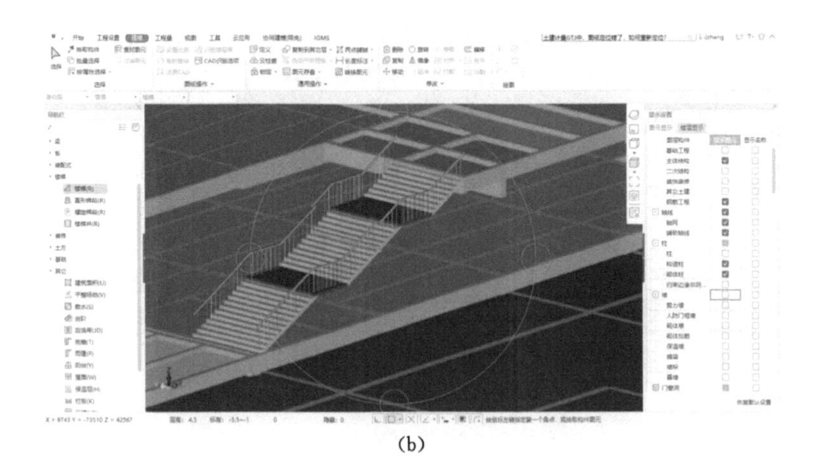

(b)

图 4-106(续)

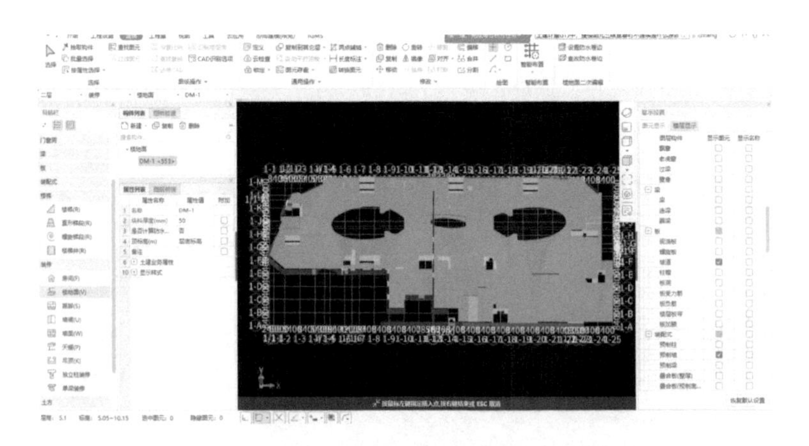

图 4-107　楼地面绘制图

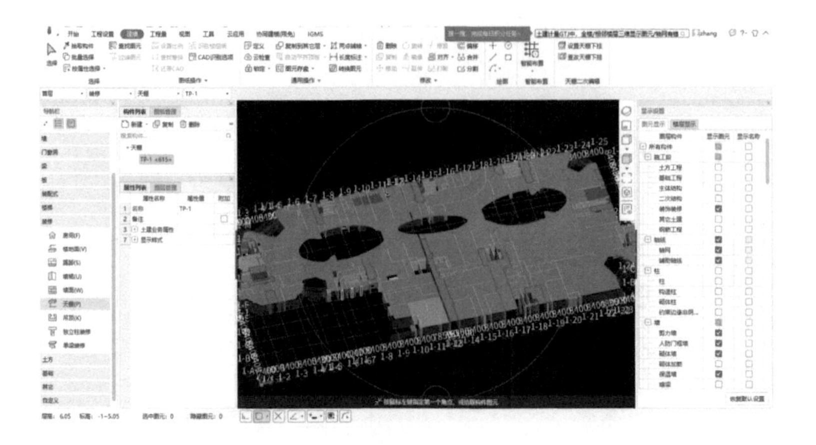

图 4-108　天棚绘制图

二、BIM计价

（一）分部分项工程和单价措施项目清单与计价表

分部分项工程和单价措施项目清单与计价见表4-6。

表4-6 分部分项工程和单价措施项目清单与计价

序号	项目编码	项目名称	项目特征描述	计量单位	工程量	金额(元)	
						综合单价	综合合价
1	010101001001	平整场地	1. 土壤类别：一、二类土； 2. 弃土运距：400 m以内	m^2	37 907.9	7.08	268 387.93
2	010101002001	挖一般土方	1. 土壤类别：一、二类土； 2. 挖土深度：6 m以内； 3. 弃土运距：500 m以内	m^3	189 539.5	34.77	6 590 288.42
3	010402001001	砌块墙	1. 砌块品种、规格、强度等级：加气混凝土砌块； 2. 墙体类型：外墙； 3. 砂浆强度等级：M7.5； 4. 墙厚：200 mm	m^3	7 696.53	511.25	3 934 850.96
4	010402001002	砌块墙	1. 砌块品种、规格、强度等级：加气混凝土砌块； 2. 墙体类型：内墙； 3. 砂浆强度等级：M7.5； 4. 墙厚：159 mm	m^3	67.04	511.29	34 276.88
5	010402001003	砌块墙	1. 砌块品种、规格、强度等级：加气混凝土砌块； 2. 墙体类型：内墙； 3. 砂浆强度等级：M7.5； 4. 墙厚：300 mm	m^3	10.85	511.08	5 545.22
小计							10 833 349.41

表 4-6(续)

序号	项目编码	项目名称	项目特征描述	计量单位	工程量	金额(元)	
						综合单价	综合合价
6	010402001004	砌块墙	1. 砌块品种、规格、强度等级:加气混凝土砌块; 2. 墙体类型:内墙; 3. 砂浆强度等级:M7.5; 4. 墙厚:190	m^3	1.6	512.47	819.95
7	010402001005	砌块墙	1. 砌块品种、规格、强度等级:加气混凝土砌块; 2. 墙体类型:内墙; 3. 砂浆强度等级:M7.5; 4. 墙厚:100 mm	m^3	21.98	521.32	11 458.61
8	010402001006	砌块墙	1. 砌块品种、规格、强度等级:加气混凝土砌块; 2. 墙体类型:内墙; 3. 砂浆强度等级:水泥砂浆 M7.5; 4. 墙厚:250 mm	m^3	0.26	501.46	130.38
9	010402001007	砌块墙	1. 砌块品种、规格、强度等级:加气混凝土砌块; 2. 墙体类型:内墙; 3. 砂浆强度等级:M7.5; 4. 墙厚:465 mm	m^3	16.05	511.34	8 207.01
小计							20 615.95

表 4-6(续)

序号	项目编码	项目名称	项目特征描述	计量单位	工程量	金额(元)	
						综合单价	综合合价
10	010402001008	砌块墙	1. 砌块品种、规格、强度等级：加气混凝土砌块； 2. 墙体类型：内墙； 3. 砂浆强度等级：M7.5； 4. 墙厚：200 mm	m^3	2 488.01	474.69	1 181 033.47
11	010402001009	砌块墙	1. 砌块品种、规格、强度等级：加气混凝土砌块； 2. 墙体类型：内墙； 3. 砂浆强度等级：M7.5； 4. 墙厚：300 mm	m^3	10.45	513.96	5 370.88
12	010501003001	独立基础	1. 混凝土种类：现浇； 2. 混凝土强度等级：C30	m^3	5 866.92	584.46	3 428 980.06
13	010502001001	矩形柱	1. 混凝土种类：现浇； 2. 混凝土强度等级：C30； 3. 形状：矩形	m^3	461.03	498.15	229 662.09
14	010502001002	矩形柱	1. 混凝土种类：现浇； 2. 混凝土强度等级：C35； 3. 形状：矩形	m^3	1 100.78	498.15	548 353.56
15	010502001003	矩形柱	1. 混凝土种类：现浇； 2. 混凝土强度等级：C40； 3. 形状：矩形	m^3	697.82	498.15	347 619.03
16	010502001004	矩形柱	1. 混凝土种类：现浇； 2. 混凝土强度等级：C30	m^3	1 395.02	659.52	920 043.59
小计							6 661 062.68

表 4-6(续)

序号	项目编码	项目名称	项目特征描述	计量单位	工程量	金额(元)	
						综合单价	综合合价
17	010502002001	构造柱	1. 混凝土种类:现浇; 2. 混凝土强度等级:C20	m^3	3.35	1 871.9	6 270.87
18	010502003001	异形柱	1. 柱形状:L 形; 2. 混凝土种类:现浇; 3. 混凝土强度等级:C30	m^3	6.66	515.44	3 432.83
19	010502003002	异形柱	1. 柱形状:梯形; 2. 混凝土种类:现浇; 3. 混凝土强度等级:C30	m^3	8.22	504.8	4 149.46
20	010502003003	异形柱	1. 柱形状:圆形; 2. 混凝土种类:现浇; 3. 混凝土强度等级:C30	m^3	1.61	676.43	1 089.05
21	010503002001	矩形梁	1. 混凝土种类:现浇; 2. 混凝土强度等级:C30	m^3	915.06	552.25	505 341.89
22	010503002002	矩形梁	1. 混凝土种类:现浇; 2. 混凝土强度等级:C30	m^3	82.39	542.57	44 702.34
23	010505001001	有梁板	1. 混凝土种类:现浇; 2. 混凝土强度等级:C25	m^3	10 623.81	626.55	6 656 348.16
24	010505003001	平板	1. 混凝土种类:现浇; 2. 混凝土强度等级:C30	m^3	23 093.65	607.01	14 018 076.49
25	010506001001	直形楼 梯	1. 混凝土种类:现浇; 2. 混凝土强度等级:C30	m^2	1 399.26	149.18	208 741.61
小计							21 448 152.7

表 4-6(续)

序号	项目编码	项目名称	项目特征描述	计量单位	工程量	D金额(元)	
						综合单价	综合合价
26	010802001001	金属(塑钢)门	1. 门框、扇材质:塑钢; 2. 玻璃厚度:50 mm	樘	2 055	352.55	724 490.25
27	010802001002	金属(塑钢)门	1. 门框、扇材质:石棉板; 2. 玻璃厚度:100 mm	樘	905	527.49	477 378.45
28	010807001001	金属(塑钢、断桥)窗	1. 框、扇材质:铝合金; 2. 玻璃厚度:50 mm	樘	389	447.33	174 011.37
29	011101001001	水泥砂浆楼地面	1. 素水泥浆遍数:2; 2. 砂浆配合比:1∶2.5; 3. 面层做法要求:细石混凝土抹光	m^2	37 474.66	375.4	14 067 987.36
30	011105001001	水泥砂浆踢脚线	1. 踢脚线高度:100 mm^2,底层厚度:12 mm,砂浆配合比 1∶3; 2. 面层砂浆配合比:1∶2.5	m^2	418.48	81.95	34 294.44
小计							15 478 161.87

序号	项目编码	项目名称	项目特征描述	计量单位	工程量	金额(元)	
						综合单价	综合合价
31	011201002001	墙面装饰抹灰	1. 墙体类型:内墙; 2. 底层厚度:7 mm,砂浆配合比:1∶3; 3. 面层厚度:15 mm; 4. 装饰面材料种类:水泥砂浆; 5. 分格缝宽度:10 mm,材料种类:石膏砂浆	m^2	20 479.31	31.52	645 507.85
32	011201002002	墙面装饰抹灰	1. 墙体类型:外墙; 2. 底层厚度:7 mm,砂浆配合比:1∶3,种类:水泥砂浆; 3. 面层砂浆配合比:1∶2.5; 4. 装饰面材料种类:水泥砂浆; 5. 分格缝宽度:10 mm,材料种类:石膏砂浆	m^2	1 856.8	35.32	65 582.18

表 4-6(续)

序号	项目编码	项目名称	项目特征描述	计量单位	工程量	金额(元)	
						综合单价	综合合价
33	011209001001	带骨架幕墙	1. 骨架材料种类、规格、中距:50×50×4 mm 厚热镀锌钢矩管、50×50×5 mm 厚热镀锌角钢; 2. 面层材料品种、规格、颜色:30 mm 厚花岗岩(沛纳海灰); 3. 面层固定方式:M30 不锈钢螺栓、4 mm 厚不锈钢挂件、M12×160 化学螺栓、300×250×8 mm 厚钢板	m^2	15 038.33	448.04	6 737 773.37
小计							1 384 867.4

序号	项目编码	项目名称	项目特征描述	计量单位	工程量	金额(元)	
						综合单价	综合合价
34	011301001001	天棚抹灰	1. 吊顶形式:不上人 U 形轻钢龙骨吊顶,平面; 2. 龙骨材料、规格、类型:6.5 钢筋吊杆、双向吊点、中距 900 mm、U 形轻钢龙骨 38 mm×12 mm×10 mm; 3. 面层、材料品种、品牌、颜色:天棚满刮腻子两遍、刷白色乳胶底漆一遍、面漆两遍	m^2	17 930.29	31.01	556 018.29
35	011001001001	保温隔热屋面	1. 保温隔热材料品种:塑料板; 2. 隔气层材料品种:沥青矿渣棉	m^2	35 035.9	200.76	7 033 807.28
36	011203001001	零星项目一般抹灰	1. 基层类型:雨篷; 2. 面层厚度:25 mm; 3. 装饰面材料种类:水泥砂浆	m^2	8.59	128.8	1 106.39
37	011407001001	墙面喷刷涂料	1. 喷刷涂料部位:外墙墙面; 2. 涂料品种,喷刷遍数:防水腻子,两遍	m^2	568.6	79.59	45 254.87
38	011701002001	外脚手架	1. 搭设方式:双排; 2. 搭设高度:35 m 以内; 3. 脚手架材质:盘扣	m^2	15 638.5	24.18	378 138.93
39	011702003001	构造柱模板		m^2	37.19	105.84	3 936.19
小计							8 018 261.95
合计							69 908 467.96

（二）单位工程投标报价汇总表

单位工程投标报价汇总表见表 4-7。

表 4-7　单位工程投标报价汇总表

序号	汇总内容	金额(元)	其中:暂估价(元)
1	分部分项工程	69 904 335.03	
1.1	人工费	17 805 832.84	
1.2	材料费	43 736 997.65	
1.3	施工机具使用费	1 156 842.76	
1.4	企业管理费	4 929 797.6	
1.5	利润	2 274 864.18	
2	措施项目	6 316 670.84	
2.1	单价措施项目费	3 936.19	
2.2	总价措施项目费	6 312 734.65	
2.2.1	其中:安全文明施工措施费	2 922 173.96	
3	其他项目	9 659 021.16	
3.1	暂列金额	6 990 453.18	
3.2	专业工程暂估价	50 000	
3.3	计日工	1 570 000	
3.4	总承包服务费	1 048 567.98	
4	规费	3 289 212.57	
5	税金	8 025 249.27	
6	工程造价	97 194 685.61	—
投标报价合计=1+2+3+4+5－甲供材料费(含设备)/1.01		97 194 685.61	

参考文献

[1] 卜良桃.土木工程施工[M].武汉:武汉理工大学出版社,2015.
[2] 操辰.建筑工程项目成本管理与控制的要点分析[J].商讯,2020(16):152-153.
[3] 曹建军.建筑工程项目管理中监理模式优化与实践创新分析[J].建材与装饰,2020(18):169,172.
[4] 陈光明,李青.BIM 技术在建筑工程项目管理中的应用[J].工程技术研究,2020(22):128-129.
[5] 程明龙.BIM 技术研究及应用现状探讨[J].南方农机,2018,49(22):101.
[6] 邓毅辉.建筑工程项目投资风险管理研究[J].大众投资指南,2020(21):21-22.
[7] 刁瑜琛,孙淼.建筑工程项目质量管理现状及影响因素分析[J].江西建材,2020(5):197-198.
[8] 耿超.建筑工程项目管理中的施工现场管理及优化[J].中小企业管理与科技,2020(35):38-39.
[9] 郭秀梅.建筑工程项目成本管理与控制的要点分析[J].城市建设理论研究,2020(18):43-44.
[10] 贺晓文,伊运恒.建筑工程施工组织[M].北京:北京理工大学出版社,2016.
[11] 李林凯.基于 BIM 技术的施工场地布置[J].房地产世界,2021(7):94-95,110.
[12] 林远忠,郭少冉.建筑工程项目质量管理研究[J].工程技术研究,2020,5(19):145-146.
[13] 刘培拴.项目管理在建筑工程管理中的应用分析[J].居业,2020(7):143-144.
[14] 马劲松.基于 Revit 软件对 BIM 进行研究与展望[J].四川建材,2018,44(8):209-210.
[15] 马娟.BIM 在建筑工程管理中的应用[J].建筑工程技术与设计,2018 (11):681.
[16] 梅晓丽.建筑工程施工项目技术管理[M].北京:中国建筑工业出版社,2016.
[17] 牛朋威.建筑工程项目管理中 BIM 技术的融合与应用[J].砖瓦,2020(10):102-103.
[18] 强世伟.建筑工程项目管理中 BIM 技术的融合与应用[J].绿色环保建材,2020(10):147-148.
[19] 尚磊.项目管理在建筑工程管理中的应用[J].房地产世界,2020(21):96-98.
[20] 石韵.基于 BIM 的模拟分析技术在建筑工程中的应用[M].北京:中国石化出版社,2019.
[21] 田甜.建筑工程项目财务管理风险及其规避措施分析[J].企业改革与管理,2020(10):144-145.
[22] 王莉.建筑工程项目管理现状及控制措施[J].住宅与房地产,2020(33):108,125.
[23] 王立云.建筑工程项目施工管理分析[J].住宅与房地产,2020(30):122,125.

[24] 王廷魁,郑娇.基于BIM的施工场地动态布置方案评选[J].施工技术,2014,43(3):72-76.

[25] 王新国.基于BIM技术的建筑工程项目管理分析[J].住宅与房地产,2020(26):139-140.

[26] 王照虎,郭永成.建筑工程项目技术质量管理若干模式分析[J].居舍,2020(23):169-170.

[27] 夏春凤.基于BIM技术的建筑工程项目管理研究[J].居舍,2020(36):131-132.

[28] 杨法金.项目管理在建筑工程管理中的应用分析[J].建材与装饰,2020(18):177,180.

[29] 杨方,杨丽,张明.BIM在工程管理专业毕业设计中问题和对策[J].安徽建筑,2021,28(1):136,142.

[30] 杨霖华,吕依然.建筑工程项目管理[M].北京:清华大学出版社,2019.

[31] 银花.建筑工程项目管理[M].2版.北京:机械工业出版社,2022.

[32] 于芳.项目管理理论在建筑工程管理中的应用分析[J].城市建筑,2020,17(18):197-198.

[33] 章树茂.建筑工程项目管理组织结构设计分析[J].住宅与房地产,2020(35):82-83.

[34] 中国建筑第五工程局有限公司,中国建筑股份有限公司.建设工程施工现场消防安全技术规范:GB 50720—2011[S].北京:计划出版社,2011.

[35] 邹爱华,刘亮,吴自中,等.应用BIM技术动态管理标准化施工现场[J].建筑技术,2016,47(8):716-718.